国家级一流本科专业建设系列教材

海洋无脊椎动物学

EXPERIMENTS OF MARINE INVERTEBRATE ZOOLOGY

吴仁协　梁镇邦　罗晓霞　王学锋 等 ◎ 编著

中国农业出版社
北　京

内 容 简 介

本书是作者在多年的教学实践积累基础上，依据历年在中国近海采集的海洋无脊椎动物标本及国内外文献资料编著而成，是迄今为止国内首次出版的海洋无脊椎动物学实验教材。本书包括实验指导说明、光学显微镜使用和生物标本观察以及 12 项海洋无脊椎动物实验教学内容，配有 276 张实物彩色图片，涉及 263 个中国海洋无脊椎动物分类单元，概述了原生动物、腔肠动物、环节动物、星虫动物、软体动物、节肢动物、棘皮动物、毛颚动物、半索动物、尾索动物、头索动物等类群的分类地位、形态特征、地理分布、生态习性、经济意义、价值属性等信息。

本书结合现代海洋渔业科学人才培养需求，根据分门别类原则，采用图文并茂方式列举和介绍各类海洋无脊椎动物，以着重突出实验教材的系统性、科学性、实用性和可操作性。本书可作为高等院校海洋渔业科学与技术、海洋生物学、水生生物学、水产养殖学等相关专业的实验教材，也可供海洋生物多样性领域的科研人员、保护工作者或业余爱好者参考使用。

编著者名单

吴仁协　梁镇邦　罗晓霞　王学锋
牛素芳　李忠炉　谢恩义　李长玲

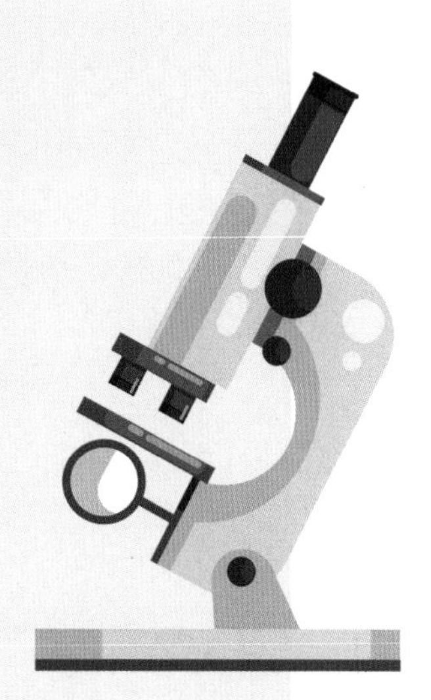

前　言
Preface

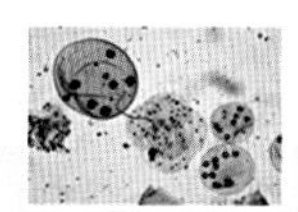
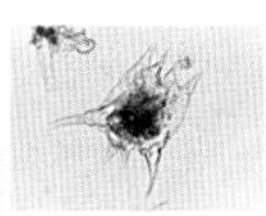
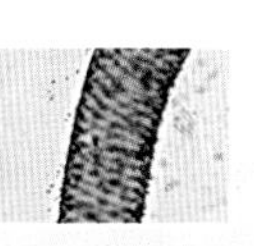

海洋无脊椎动物是海洋生物多样性及资源的重要组成部分，包含了个体大小、形态结构、生理特点、栖息生境等都差异很大的众多门类动物，是海洋生物中最为庞大而又复杂多样的一大类群。中国海岸线漫长，海域广阔，拥有多种类型的海洋环境和地形地貌，使得我国海洋无脊椎动物的种类和区系相当丰富，已知总数超过16 000种（刘瑞玉，2008）。近70年来，我国政府有关部门组织研究人员开展了多次的中国海洋生物分类、生态和资源调查，已基本了解中国海洋无脊椎动物主要门类的物种组成与分布、生态区系和生物地理学、数量及其多样性特点，取得了丰硕的研究成果和诸多进展，产出了数千篇的研究论文和数百卷的学术专著（李新正等，2020）。但是仅出版了寥寥无几的海洋无脊椎动物学理论教材和海洋生物学（或动物学）实验及实习教材。目前，国内各涉海高校虽有开展海洋无脊椎动物实验教学，但大多安排在海洋生物学实验或野外实习中，或是仅开设少量的相关实验课程。迄今尚未形成独立的、完善的海洋无脊椎动物学实验教学体系，更是缺乏专门的配套教材。这与海洋无脊椎动物在海洋生物资源中的重要地位和作用是极不相称的，也不利于海洋无脊椎动物研究的人才培养和新生力量的补充。

鉴于此，我们在多年的海洋生物学和动物生物学的教学实践中，不断总结教学经验、收集实验标本、查阅有关资料，经多次研讨，组织专业任课教师编写了《海洋无脊椎动物学实验》，构建中国海洋无脊椎动物学实验课程的教学体系，力求让学生能够较为全面、系统地掌握海洋无脊椎动物多样性与演化的基础知识和研究方法，以期为国内开设海洋无脊椎动物学实验提供教材参考，促进相关海洋学科的研

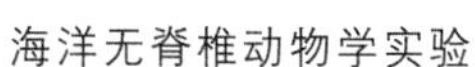

究和人才培养。

本教材根据系统动物学的分门别类原则，以主要海洋无脊椎动物类群的形态观察和分类鉴定为实验教学内容，包括了原生动物、腔肠动物、环节动物、星虫动物、软体动物、节肢动物、棘皮动物、毛颚动物、半索动物、尾索动物、头索动物等类群，体现了动物演化从单细胞到多细胞、从两胚层到三胚层、从原口到后口、从简单到复杂的历程和基本规律。本书教学内容包括了实验指导说明、光学显微镜使用和生物标本观察介绍以及12项海洋无脊椎动物实验，配有276张实物彩色图片，除2张图片为引用外，其余图片均为本书作者的原创性照片。其中，12项实验的动物标本图片有266张，涉及263个中国海洋无脊椎动物分类单元，分类系统主要参考《中国海洋生物名录》（刘瑞玉，2008）、《中国近海底栖动物分类体系》（李新正和甘志彬，2022）、《水生生物学》（赵文，2005）、《海洋浮游生物学》（郑重等，1984）、《普通动物学（第4版）》（刘凌云和郑光美，2009）及各类群动物的系统分类学资料。本书除了对上述263个动物分类单元的形态特征、地理分布进行介绍外，还提供了各实验动物门类的背景知识以及重要动物的生态习性、经济意义、价值属性等信息。本书图文并茂，可增强对海洋无脊椎动物的感性认识和直观的教学效果，有利于学生的实际操作和学习。

本书可作为高等院校海洋渔业科学与技术、海洋生物学、水生生物学、水产养殖学等相关专业的实验教材，也可供海洋生物多样性领域的科研人员、保护工作者或业余爱好者参考使用。通过学习和使用本教材，有助于学生系统掌握海洋无脊椎动物的形态结构、分类特征和研究方法等，可提高学习兴趣、动手能力和应用能力，培养学生形成严谨认真、实事求是的科学作风，从而对海洋无脊椎动物多样性和系统演化有更客观和深入的认识和理解，为今后从事海洋生物多样性、渔业资源、渔业生产、渔业贸易、渔政管理和相关科研等工作奠定专业基础和必备的实验技能。

本教材的编写由广东海洋大学水产学院吴仁协副教授负责全面组织和统稿，罗晓霞实验师、牛素芳副教授、梁镇邦硕士参与部分实验编写，王学锋教授、谢恩义教授、李长玲教授、李忠炉副教授协助标本采集和分类鉴定，吴飞龙、李斌、赵婷婷、张键尧、陈敏芳和曹文科等同学协助标本拍照、图片处理和文字录入。本书得到广东海洋大学海洋渔业科学与技术国家级一流本科专业建设点（教高厅函〔2021〕7号），2019年广东省高等教育教学改革项目“基于海洋渔业特色的《动物生物学》课程教学改革与实践”，广东海洋大学水产科学与技术国家级实验教学示范中心建设项目（教高函〔2013〕10号），国家自然科学基金面上项目“中国近海带鱼科鱼类分类与系统进化研究（No. 31372532）”的共同资助，才得以顺利完成和出版。

由于本书是首次构建中国海洋无脊椎动物学实验的教学体系，受编者水平、标本收集和编写时间有限，书中难免有疏漏或不足之处，敬请读者给予批评指正，多提宝贵建议。

编著者

2022年9月于广东海洋大学

目　录

Contents

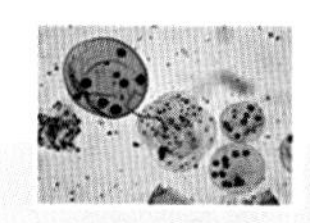
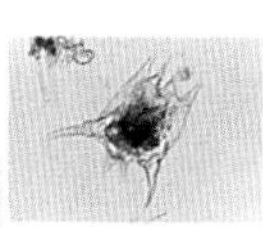
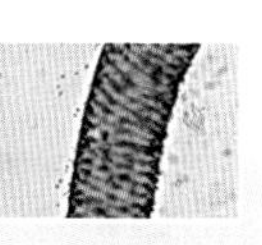

实验指导说明

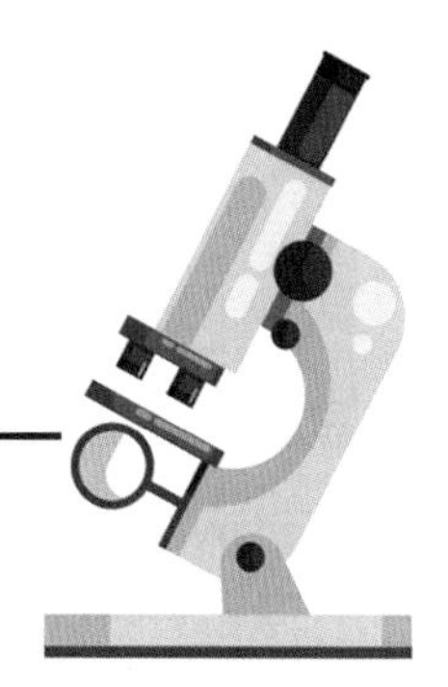

实验是生命科学教学和研究的重要环节，许多理论知识都来源于实验的感性认识。通过实验教学可验证、加深理解和巩固理论课堂所学的知识内容，帮助学生通过理论联系实际来系统掌握生物学的基础知识和基本理论。实验教学不但能让学生掌握动物学的基本操作技能，提高动手能力、观察能力以及分析问题的能力，还能培养学生的科学思维、严谨认真和实事求是的治学态度。因此，实验课是认识生物和从事生命科学研究不可或缺的基础性教学内容。同时，开展实验课涉及许多方面的要求、注意事项和准备工作。为了更好地开展海洋无脊椎动物学实验，有必要对实验规范、实验安全及注意事项、生物绘图、实验报告撰写要求等进行介绍。

一、实验须知

1. 实验前学生必须按实验教材认真预习，明确实验目的、内容、方法等，并了解相关实验仪器的使用流程和操作规范。

2. 学生必须在规定时间内到达实验室，不迟到、不早退。

3. 学生应自觉遵守课堂纪律，严格遵守实验室各项规章制度和操作规程，禁止大声喧哗、饮食等影响实验教学秩序的行为，不得进行与实验无关的活动。

4. 实验前，学生应认真接受指导教师的实验安全教育和指导，掌握正确佩戴个人的安全防护物件的方法，如口罩、手套、实验服等，并接受指导教师的安全检查，以保证实验过程的操作安全和顺利完成实验。

5. 学生严格按照操作说明使用实验仪器，未经许可，不得擅自使用仪

器、试剂，禁止动用与实验无关的仪器设备和物品。

6. 使用实验仪器设备时，要做好实名使用登记，并检验仪器情况，若发现仪器存在损坏情况，要及时报告指导教师。

7. 实验过程中，若发生仪器、工具的损坏或丢失，学生要及时向指导教师报告。

8. 实验过程中，学生若违反实验室的规章制度和操作规范，指导教师有权停止实验进行。

9. 实验过程中，不可随意丢弃废弃物，不可擅自无故中途离开实验室。

10. 实验态度要认真、严谨，操作要细心。实验要自主动手操作，不可由他人代做，并如实客观记录实验数据和结果。

11. 实验结束时，学生应将实验设备和试剂按要求有序摆放整齐，公用仪器、试剂不得随意搬离原处。实验废弃物应做好分类，并放置于对应的废弃回收桶。

12. 实验结束后，学生要做好实验设备使用情况记录，打扫实验室卫生，关闭实验室水电，经指导教师检查同意后方能离开。

二、实验准备物品

1. 学生需准备的物品： 实验教材，实验记录本，白色绘图纸，HB、2H 或 3H 绘图铅笔，橡皮，铅笔刀，实验服，医用口罩，手套。

2. 实验教学中心提供的物品： 显微镜、解剖镜、放大镜，解剖盘，常用的解剖工具一套（图 0－1），载玻片、盖玻片，胶头吸管，烧杯、量筒，纱布、擦镜纸，无水乙醇、37%甲醛溶液等，以及实验所需的动物标本和材料等。

三、实验安全事项

1. 严格遵守实验室穿着规定： 进入实验室后必须穿好实验服，不得穿凉鞋、短裤等避免皮肤直接暴露在空气中。实验时必须佩戴口罩、手套，不可直接接触实验试剂和药品。

2. 注意防灼伤： 强酸、强碱、强氧化剂、甲醛等都会腐蚀皮肤，特别要防止试剂和药品溅入眼内。使用试剂和药品时要小心，沾上后应立即用清水清洗，并及时告知指导教师做进一步处理或治疗。

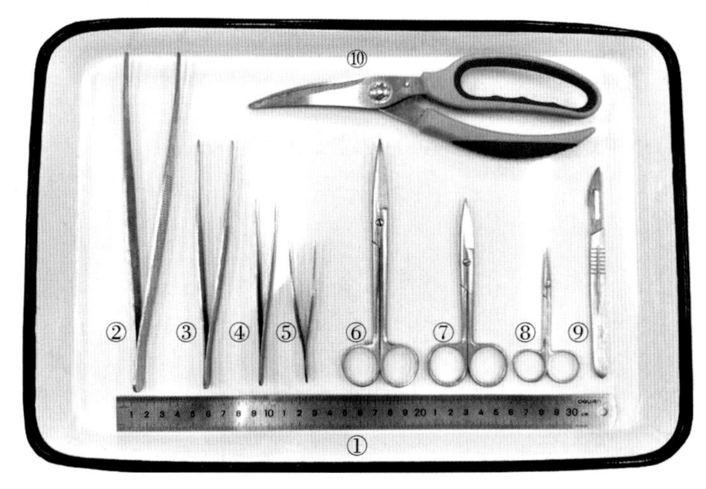

图 0-1　动物学实验常用的解剖工具

①测量尺　②25 cm 圆头镊　③18 cm 圆头镊　④13.5 cm 尖头镊

⑤10.5 cm 圆头镊　⑥18 cm 直剪　⑦14 cm 直剪　⑧眼科剪　⑨解剖刀　⑩骨剪

3. 注意防爆防火：可燃气体与空气混合，很容易受到热的诱发，引起爆炸。实验中使用乙醇、甲醛等强挥发性试剂时，必须保持室内良好的通风条件。若发生火情，要保持冷静，迅速使用实验室配备的灭火器或灭火毯进行灭火。

4. 注意防毒：学生在实验前应认真听取指导教师对实验所用药品的毒性及防护措施的讲解。实验操作若涉及甲醛、乙醇等试剂蒸汽可能会引起中毒，应在通风良好的情况下进行。剧毒药品应由指导教师妥善保管，学生使用时须小心谨慎，若感到身体不适，应及时告知指导教师并做进一步处理。

5. 注意仪器清洗：实验完毕后，将所有需要清洗的玻璃仪器及时清洗干净，放置合适的位置，并检查实验台面是否有残留药剂以及地面是否整洁，保证实验室卫生状况良好。

6. 注意用电安全：使用实验仪器设备时，注意检查线路是否有破损，切勿用潮湿的手接触电源开关。实验结束后，先关闭电源再检查线路情况。若有线路损坏，及时告知指导教师。若发生触电事故，应立即呼救，让人迅速关闭电源，然后进行抢救。

7. 注意关紧门窗：实验结束离开前，要检查实验室门窗是否牢固，务必关紧门窗以防止雨水或老鼠进入实验室，导致仪器设备被淋和实验室潮湿，或是仪器及实验室线路被损坏，引起实验安全隐患。

四、绘图注意事项

1. 生物绘图时要求形态结构要准确，比例要正确、恰当，要体现真实感、立体感，力求精简美观。生物绘图是科学性的体现，不得出现科学性和专业性错误。

2. 整体图面要力求整洁，铅笔要保持尖锐，尽量少用橡皮反复擦拭绘图，或多次涂改绘图。

3. 绘图大小要适宜，计算好缩小比例。绘图位置应略偏左，右边留适当空位进行必要的标注。

4. 绘图的线条要光滑、匀称，标本阴影深浅通过打点密度表现，打点要大小一致。

5. 绘图版面要均匀，避免随意排列。绘图字体用楷书，大小整齐均一，不能潦草。标注线用直尺画出，间隔要均匀并保持水平，一般多向右边引出。标注部分接近时可用折线，标注线之间不能交叉，标注要尽量排列整齐。

6. 绘图完成后要在图的下方注明标题及对应比例尺，并在相应位置标注绘图生物的各部位的名称。

五、实验报告撰写要求

1. 必须使用实验报告专用纸撰写实验报告，认真填写实验的名称、完成时间及地点，以及个人的班级、姓名、学号等信息，并按时提交实验报告。

2. 实验报告必须用钢笔或圆珠笔书写，字面整洁，尽量少涂改，并标注页码。

3. 要如实记录实验数据、现象和结果，用专业术语表述。应实事求是写出实验中存在的问题，不可修改数据或故意造假，不可抄袭他人实验结果，或是胡编乱写实验报告。

4. 实验报告排版应简明扼要、突出要点、尊重事实，并对实验教材中提出的问题进行实事求是的解答。

实验 1
光学显微镜使用和生物标本观察

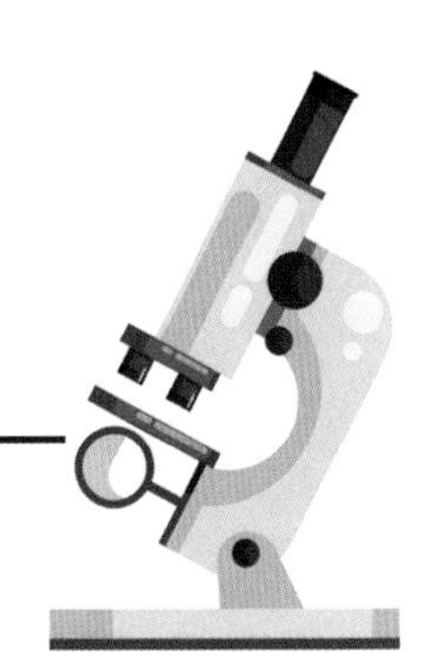

光学显微镜是利用光学成像原理，把人眼所不能分辨的微小物体放大成一个倒立的影像，以供人们获取微细结构信息的光学仪器。它是生命科学教学及研究所必备的观测生物标本的重要仪器之一。光学显微镜包括多种类型和型号，各有不同的用途和性能。如常用的奥林巴斯生物显微镜主要是用来观察制片和组织切片，可观测到组织细胞内的细微结构组成及特征；而蔡司体视显微镜（又称解剖镜）主要用于观察和解剖较小的生物器官结构。掌握显微镜使用和生物标本观察的基本实验技能是进行生物形态以及生物多样性研究的重要基础。

一、目的和要求

1. 熟悉不同类型的光学显微镜的基本结构组成，理解其基本性能。
2. 通过对生物标本的观察，掌握显微镜的使用方法及其注意事项。

二、实验材料

1. 示范标本的固定封片：动物脂肪组织切片、哲水蚤目玻片、团藻玻片、水绵玻片。

2. 水玻片标本：蒲达臂尾轮虫和萼花臂尾轮虫。

三、实验工具与试剂

奥林巴斯 CX23 生物显微镜、蔡司 Stemi 508 体视显微镜，载玻片、盖玻片，烧杯，吸管，吸水纸、擦镜纸、纱布，香柏油、二甲苯、无水乙

醇、蒸馏水等。

四、实验方法

1. 认真听取指导教师对不同类型的光学显微镜的结构、性能及使用方法的介绍。

2. 根据实验指导说明，在奥林巴斯CX23生物显微镜下直接观察示范标本，并根据实际需要调整物镜倍数对生物标本的细微结构进行观察。

3. 从轮虫浸制标本瓶中取少量标本，滴在载玻片上，盖上盖玻片，制成简易的水玻片标本，置于蔡司Stemi 508体视显微镜和奥林巴斯CX23生物显微镜下观察。

4. 记录实验操作过程，拍照所观察的生物标本结构，整理实验结果，撰写实验报告。

五、实验内容

（一）普通光学显微镜的基本构造

普通光学显微镜由机械系统和光学系统所组成（图1-1）。

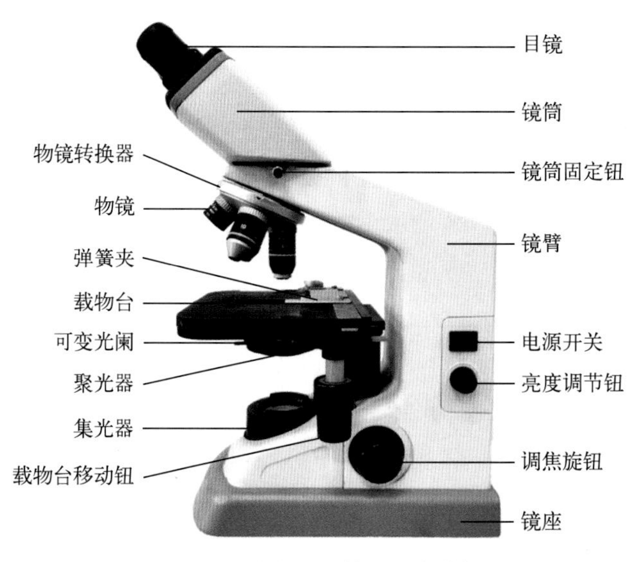

图1-1 光学显微镜的基本结构

1. 机械系统：为显微镜提供支撑、调节、置物、固定等作用，包括如下部分。

（1）镜座：多为长方形，是显微镜的基本底座。

（2）镜臂：下半部垂直连接镜座，上半部前斜与镜筒相连，是显微镜的握把。

（3）镜筒：上接目镜，下接物镜转换器，为光学成像提供暗室条件。

（4）物镜转换器：由两个金属圆盘构成，为四孔固定式，可安装 4 个物镜。

（5）载物台移动架：装载弹簧夹和移动钮，用于固定和移动标本玻片。

（6）调焦旋钮：分为粗调焦和微调焦旋钮，分别用于初步对焦成像和精细调节。

（7）聚光器升降手柄：在载物台下方，可调节聚光器高低。

2. 光学系统：即光学成像部分，包括如下部分。

（1）目镜：位于镜筒上端，可放大物镜中的实像，便于肉眼观察标本。

（2）物镜：固定于物镜转换器，将物体放大的图像投射至目镜中间，形成平面像。

（3）集光器：内置卤素灯光源，位于聚光器下方，可通过亮度调节钮调控光源。

（4）聚光器：位于光源上方，由透镜组成，可将散射光线汇聚于载玻片上。

（5）可变光阑：可调节聚光器的入射光线亮度和照射面积，光阑大小与物镜倍率对应。

（二）光学显微镜的使用操作步骤

1. 奥林巴斯 CX23 生物显微镜（配备嵌入式数码相机）（图 1－2）：与常规生物显微镜相比，该显微镜机械和光学系统均有所优化：重量降低，镜臂设计更易搬运；瞳距变大（48～75 mm），便于观察和调节；具更耐用的无轨载物台；配备嵌入式数码相机或电子目镜，可实现数据化操作和实时拍照；具有平场消色差物镜和均匀 LED 照明，可保障视场图像平坦度和降低图像失真度。目前，该显微镜已广泛应用于医疗、科研、教学等领域。

（1）用前检查：检查电脑、显微镜和数码相机线路是否连接完好，检查显微镜各部分是否存在损坏、污渍。用纱布清除镜身灰尘，用擦镜纸轻擦目镜、物镜。

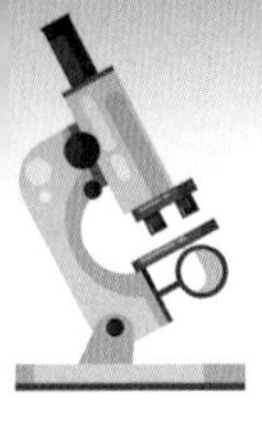

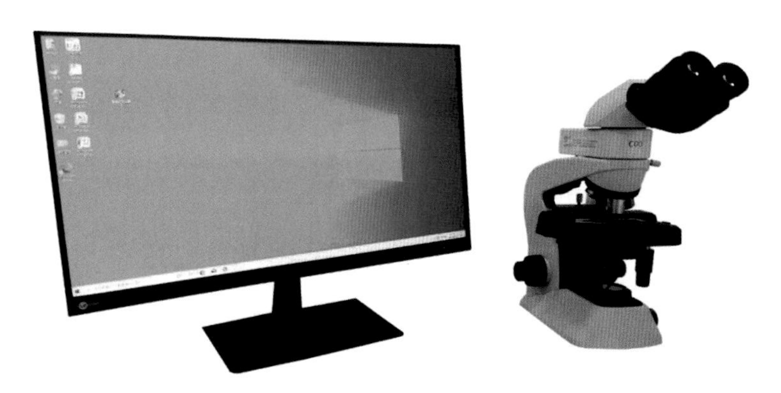

图 1-2　奥林巴斯 CX23 生物显微镜

（2）开机：打开主控视频矩阵和迷你视频矩阵，打开电脑和显微镜电源，确保网络和电源线路正常，打开 KoPa WiFi EDU 软件，即可在电脑端显示图像。

（3）调整光度：将低倍物镜转至载物台中央，通过亮度调节旋钮、可变光阑，调整至目镜视野内图像的最适亮度。

（4）瞳距和屈光度调节：调节目镜筒间的距离，使左右视场重合。转动目镜筒上的屈光度调节环，使其底部边缘与刻度线对齐，而后根据左右眼的视力差再调节屈光度。

（5）示范标本观察：将示范标本的固定封片置于载物台上，用弹簧夹固定，通过载物台移动钮将观察目标移至载物台中央。

（6）水玻片标本观察：取少量浸制标本滴在载玻片上，盖上盖玻片，用镊子小心挤压以排去气泡，用吸水纸吸取溢出的液体。将水玻片标本置于载物台上，通过调节旋钮移动标本至载物台中央。

（7）物镜对焦：转动物镜转换器，将最低倍数物镜移入光路。旋转粗调焦旋钮将载物台上升至视野中出现观察目标图像，之后用微调焦旋钮进行细微对焦。

（8）调节可变光阑：将可变光阑调节杆拨至与物镜倍数对应的数值。

（9）图像放大：将观察目标置于视野中央，旋转物镜转换器选择更高倍数的物镜，再调节粗、微调焦旋钮和可变光阑。用高倍物镜观察时，需在标本玻片上滴入香柏油，旋转微调焦旋钮进行对焦观察。

（10）拍照：转至电脑端的 KoPa WiFi EDU 软件，点击拍照选项，即可保存图像在电脑文件夹中，也可在手机上安装此软件并扫描二维码观看图像。

（11）复原：低倍物镜观察后，将载物台降至最低端，取下标本玻片，并用擦镜纸擦净目镜和物镜。高倍物镜使用后，先用擦镜纸擦拭，再吸取少量二甲苯去除物镜上残留的香柏油。拷贝照片后，关闭电脑和显微镜。最后用纱布擦净镜身，清理桌面，盖上显微镜和电脑的防尘罩。

2. 蔡司 Stemi 508 体视显微镜（图 1－3）：该体视显微镜采用 Greenough 光路设计，使其最大观察视野达到 122 mm，具有 8∶1 的大变倍比，能够观察到清晰的样品细微结构。同时，镜体呈 35°低视角的倾斜度设计更适用于人体观测。本体视镜还具有坚固耐用的特点，在医学技术、药物及材料检测、生物微结构等方面应用非常广泛。

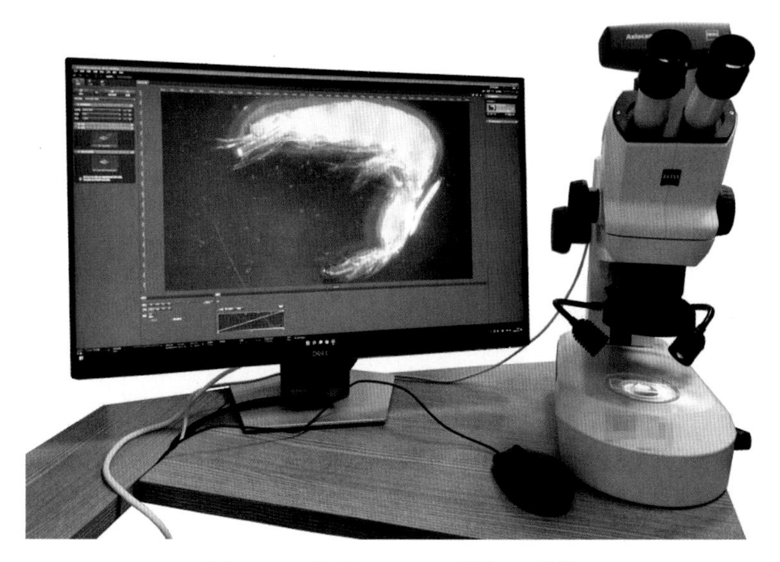

图 1－3　蔡司 Stemi 508 体视显微镜

（1）用前检查：检查电脑、体视显微镜和相机线路是否连接完好，检查体视显微镜各部分是否存在损坏、污渍。用纱布清除镜身灰尘，用擦镜纸轻擦目镜和物镜。

（2）开机：打开电脑、显微镜和相机电源，确保电源线路正常，打开 Zens 成像软件。

（3）放置标本：将装有标本的载玻片或培养皿置于体视显微镜的载物盘中央。

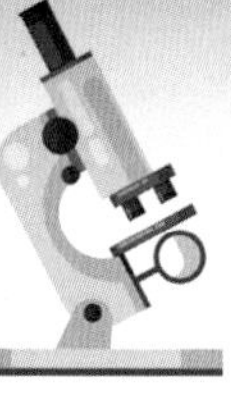

（4）调整光度：调节底座内的反光镜和上方的万向灯，选择适合的光强和光照方式。

（5）瞳距和屈光度调节：调节目镜筒间的距离，使左右视场重合。转动目镜筒上的屈光度调节环，使其底部边缘与刻度线对齐，而后根据左右眼的视力差再调节屈光度。

（6）物镜对焦：先使用粗调焦旋钮聚焦标本，然后用变倍物镜选择所需的放大倍数，再用微调焦旋钮进行细微对焦。

（7）拍照：转至电脑端的 Zens 成像软件，点击“预览”，选择合适的标本区域。自动或手动调节曝光度、白平衡后，点击“拍摄”，可对照片进行“标注”处理。最后保存为 JPG 等格式，照片即可保存在电脑文件夹中。

（8）复原：使用完毕后，关闭电脑、体视显微镜和相机电源。用擦镜纸擦净目镜和物镜，用纱布擦拭镜身。清理桌面，盖上仪器的防尘罩。

3. 显微镜使用及操作注意事项

（1）所有操作必须严格按照仪器说明和实验指导进行，切勿擅自随意操作，以避免仪器因操作不当而损坏。

（2）使用高倍物镜时，必须遵循“由低至高”原则，即先从低倍物镜开始找到观察目标，之后再逐步调至所需的高倍物镜，并开启大光阑。在高倍物镜下只能使用微调焦旋钮，以免压坏玻片和损坏物镜。

（3）在观察水玻片过程中，注意避免液体或试剂沾在载物台和镜身上。

（4）显微镜使用后要及时做好清洁工作，以维持仪器设备的干洁度。

（三）光学显微镜使用范例

1. 使用奥林巴斯 CX23 生物显微镜观察示范标本的固定封片

（1）动物脂肪组织切片标本（图 1－4）：在低倍物镜下，即可清晰观察到脂肪细胞群被疏松结缔组织和毛细血管分隔开，其中呈淡黄色的成群卵圆形空泡即是黄色脂肪组织。

（2）哲水蚤目玻片标本（图 1－5）：在低倍物镜下，可看出哲水蚤前体部呈圆筒形，明显宽于后体部。尾节呈叉形，具刚毛。第 1 触角细长，与体长相当。体内构造，如消化道、卵巢等也可大致可见。

（3）团藻玻片标本（图 1－6）：在低倍物镜下，可见密布小点的球体，由数量众多的衣藻型细胞单层排列组成。其中，球体空腔中的多个深色小圆球即是团藻的生殖细胞。

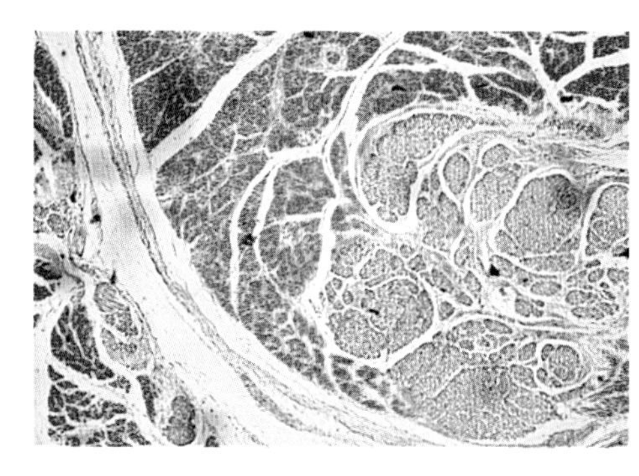

图1-4 动物脂肪组织

图1-5 哲水蚤目

（4）水绵玻片标本（图1-7）：在低倍物镜下，可见每个水绵细胞中有一至多条带状叶绿体，在细胞质中呈螺旋状，在叶绿体中有一列呈深色的蛋白核。

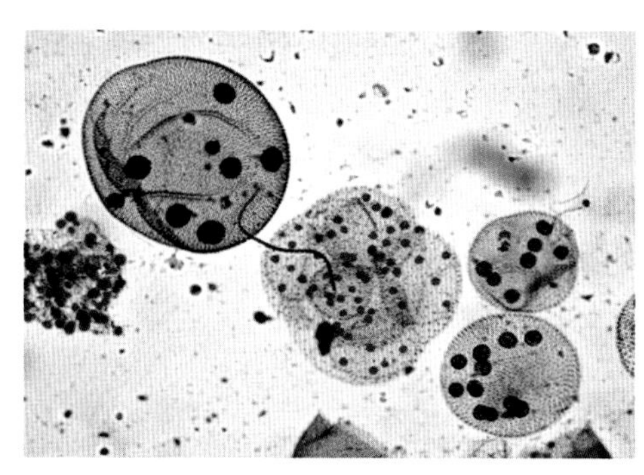

图1-6 团藻

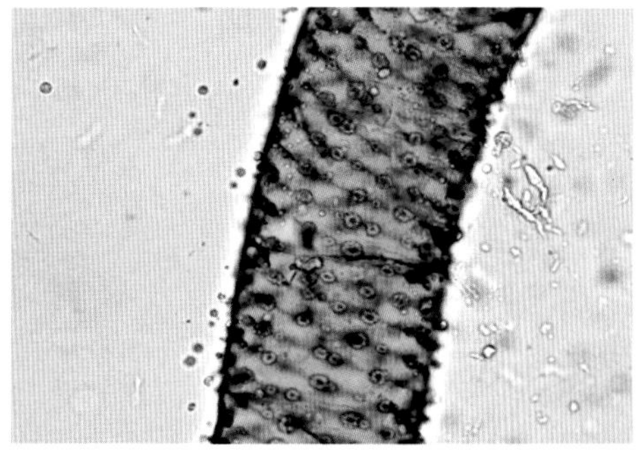

图1-7 水绵

2. 使用蔡司 Stemi 508 体视显微镜观察水玻片标本

（1）蒲达臂尾轮虫（图1-8）：在低倍物镜下，可见其被甲宽阔，呈正方形。被甲前棘刺4个，后端无棘刺。隐约可见其口、咀嚼囊、胃、肠等消化系统。

（2）萼花臂尾轮虫（图1-9）：在低倍物镜下，可见其被甲宽阔，呈正方形。被甲前棘刺4个近等长。后端4个突起不等大，两侧各具1个粗大棘刺，中间2个足孔相对细短。隐约可见其体内咀嚼囊、胃、肠、卵巢等器官。

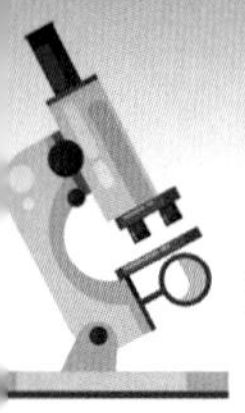

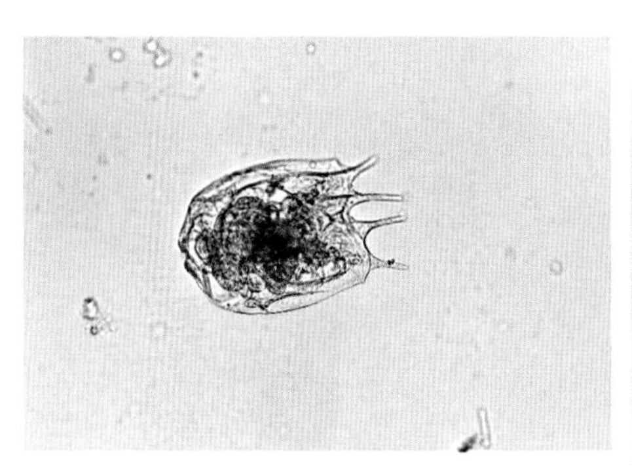

图1-8　蒲达臂尾轮虫

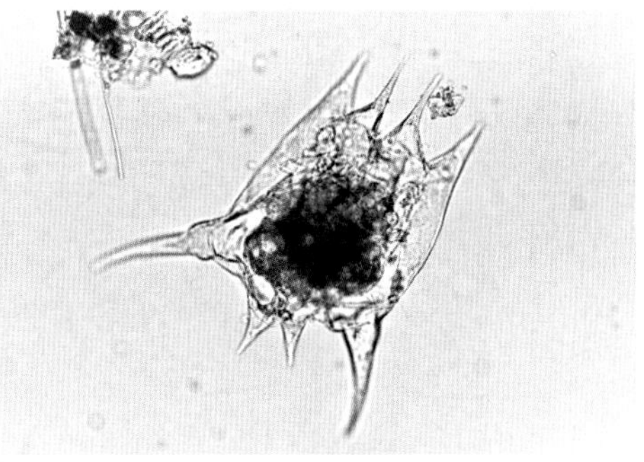

图1-9　萼花臂尾轮虫

六、作业与思考

1. 根据实验操作过程和所观察到的实验标本结构图，整理实验结果并撰写实验报告。

2. 总结不同类型的显微镜的使用方法及注意事项。

3. 如何快速、准确查找观察目标和对焦？

4. 由低倍物镜转换成高倍物镜应注意哪些方面？制作和观察水玻片标本的关键点有哪些？

实验2

原生动物

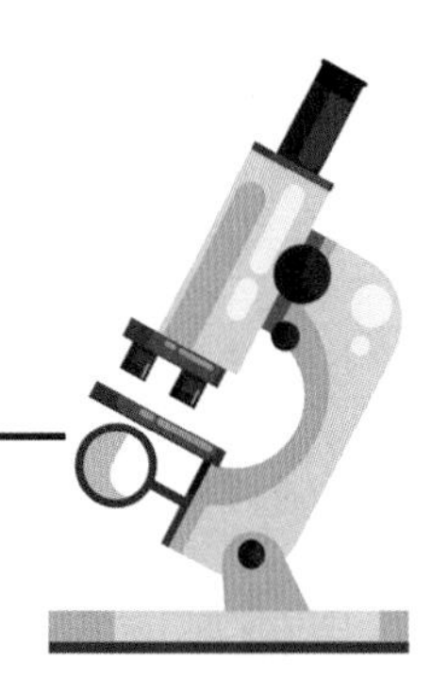

原生动物 Protozoa 是一类最原始、最低等的单细胞动物，具有基本的动物细胞结构，个体微小（常为 2～300 μm），但体形多种多样。原生动物种类多、数量大，海淡水及潮湿土壤中均有分布，不少种类是水产动物及其幼体的天然饵料。根据运动胞器的类型和有无，原生动物一般分为鞭毛纲 Mastigophora、肉足纲 Sarcodina、纤毛纲 Ciliata、孢子纲 Sporozoa。在海洋中营浮游生活的原生动物主要是肉足纲和纤毛纲。它们在热带海区和表层海水不但分布种类多，而且数量也丰富，在海洋生态系统中占有重要地位。

一、目的和要求

1. 观察代表种标本，了解原生动物的基本形态和主要特征。
2. 识别海洋浮游原生动物的常见种，掌握其形态构造、分类知识以及鉴定方法。

二、实验材料

1. 原生动物代表种： 纤毛纲的草履虫属 *Parameicum*、裸口虫属 *Holophrya*、钟虫属 *Vorticella*，肉足纲的表壳虫属 *Arcella* 等浸制标本。

2. 海洋浮游原生动物常见种： 鞭毛纲的夜光虫属 *Noctiluca*，肉足纲的抱球虫属 *Globigerina*，纤毛纲的拟铃虫属 *Tintinnopsis*、类铃虫属 *Codonellopsis*、薄铃虫属 *Leprotintinnus*、网纹虫属 *Favella* 等浸制标本。

三、实验工具与试剂

显微镜，解剖针，烧杯、吸管，培养皿、载玻片、盖玻片，吸水纸、擦

镜纸、纱布，无水乙醇、生理盐水等。

四、实验方法

1. 用吸管从各类标本瓶中吸取少许福尔马林浸制标本，滴在载玻片上，盖上盖玻片，并用吸水纸吸取盖玻片边缘水迹。

2. 在光学显微镜下调好物镜倍数（先用低倍镜找好目标之后再更换高倍镜）进行观察，必要时用解剖针轻轻地触动盖玻片，使标本翻转，以便全面观察原生动物的形态构造。最后对焦拍照保存照片，做好实验记录。

五、实验内容

（一）原生动物代表种的形态观察

1. 草履虫属（图2-1）：隶属纤毛纲、全毛目 Holotricha、草履虫科 Parameciidae。草履虫生活在各种淡水生境中，体长一般在 150～300 μm。草履虫外形似倒置的草鞋，前端钝圆，中部稍宽大，后端微尖。体表为表膜，全身密布纤毛，体后部纤毛较长，纤毛为其运动细胞器。活体时纤毛有节律摆动使草履虫呈螺旋式前进。

2. 裸口虫属（图2-2）：隶属纤毛纲、全毛目、裸口虫科 Holophryidae。裸口虫见于淡水、海水和潮间带沙滩中，多营寄生生活。裸口虫体呈卵形或细长形，口位于体表，纤毛均匀分布全身。

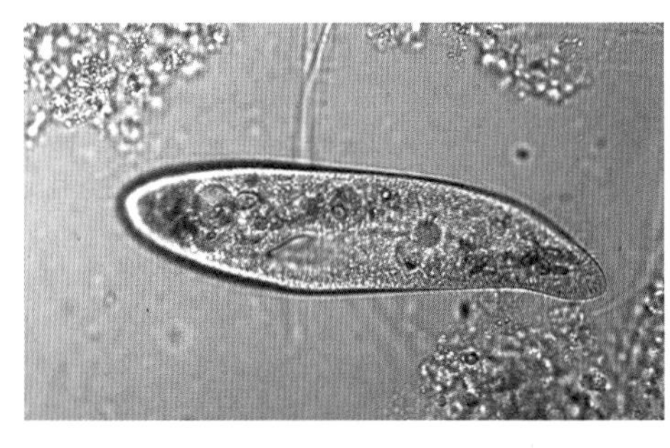

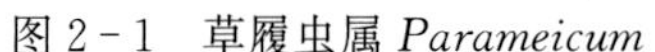

图2-1　草履虫属 *Parameicum*

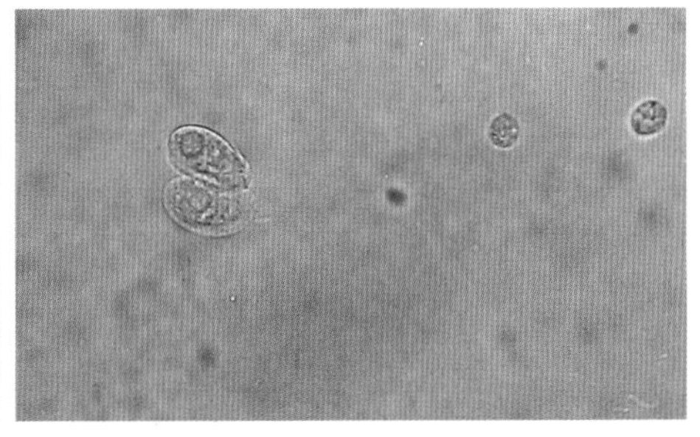

图2-2　裸口虫属 *Holophrya*（分裂虫体）

3. 钟虫属（图2-3）：隶属纤毛纲、缘毛目 Peritrichida、钟虫科 Vorticellidae。钟虫常生活于废水和污水中，单生，多营固着生活。钟虫形似倒钟，前端向外扩张形成缘唇，围口纤毛融合成3片缘膜；后端柄内有肌丝，可收缩，柄下端固着在基质上。

4. 表壳虫属（图 2-4）：隶属肉足纲、表壳目 Arcellinida、表壳科 Arcellidae，表壳虫生活于淡水或苔藓生境中。虫壳体呈盘状，淡黄色或深褐色，顶观或腹观时壳呈圆形，壳口圆，微内陷，壳口周围常围有数十个微孔。

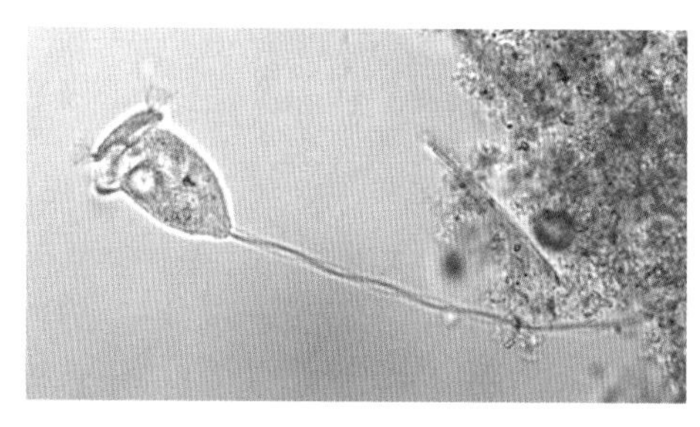

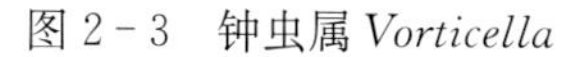

图 2-3 钟虫属 *Vorticella*

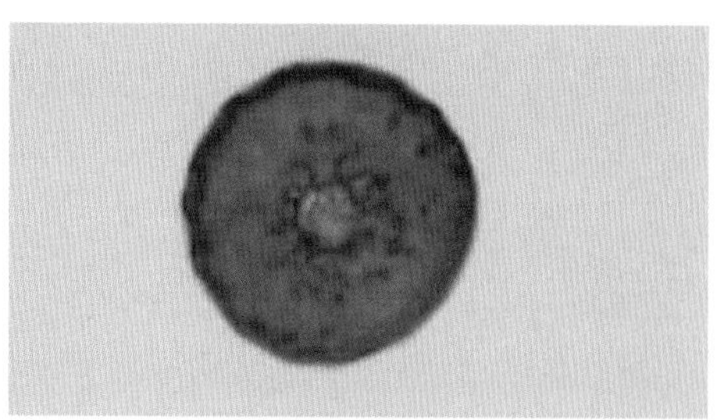

图 2-4 表壳虫属 *Arcella*

（二）海洋浮游原生动物常见种的识别

1. 鞭毛纲：以鞭毛为运动胞器，身体常具多条鞭毛。营养方式有植物性营养、腐生性营养、动物性营养。

夜光虫属（图 2-5）：隶属腰鞭毛虫目 Dinoflagellata、夜光虫科 Noctilucidae。虫体直径可达 2 mm，肉眼可见。体呈囊状圆形，无外壳。腹面纵沟内有一条退化的鞭毛，沟的一端有口，口旁有一条粗大的触手。细胞质聚集成一个包着细胞核的中央团，并由中央团分散出多支细条。夜光虫具有发光能力，是主要海洋发光生物类群之一。

2. 肉足纲：以伪足作为运动胞器。伪足可分为两大类：一类伪足叶状、根状或丝状，足内无轴丝；另一类伪足针状，足内有轴丝。营养方式为异养。通常无坚实的皮膜，体形易变。

抱球虫属（图 2-6）：隶属抱球虫目 Globigerinida、抱球虫科 Globigerinidae。虫体外壳呈塔式螺旋或扭式螺旋。房室圆形或卵形。缝合线凹陷，辐射排列。壳壁石灰质，多孔性，辐射结构。壳面平滑，或呈蜂巢状，或具坑凹、茸刺。壳口位于终室内缘，开通脐部。中国黄海、东海、南海均有分布。

3. 纤毛纲：以纤毛为其运动和摄食胞器。纤毛遍生细胞皮膜表面，皮膜下有一行丝胞。细胞核分化为代谢大核（致密核）和生殖小核（泡状核），形态构造相对复杂，壳形多种多样。本纲是原生动物中结构最复杂、分化最

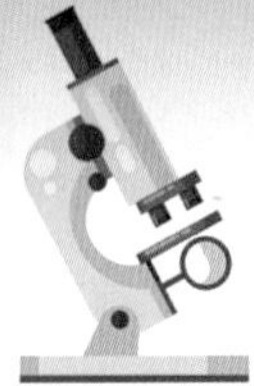

高级的一个类群，种类多、数量大，分布于各种生境中。本纲中的砂壳目 Tintinnida 是海洋浮游原生动物的主要代表类群。

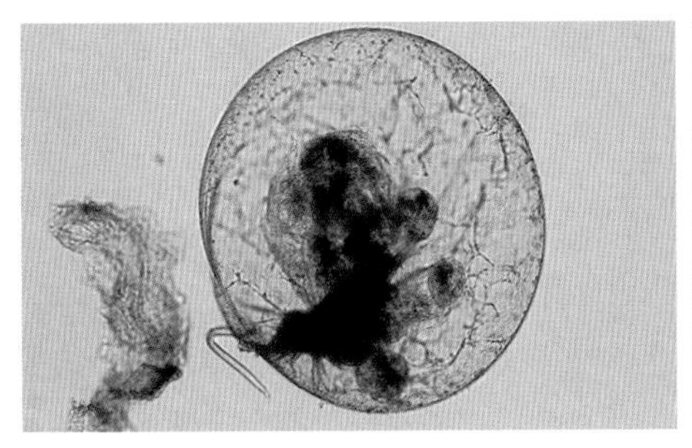
图 2-5　夜光虫属 *Noctiluca*

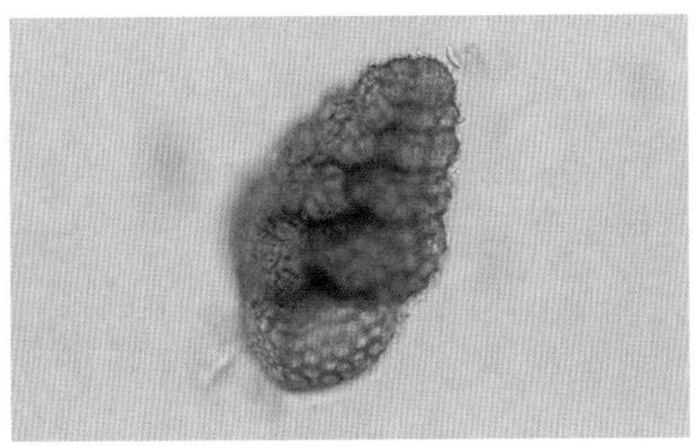
图 2-6　抱球虫属 *Globigerina*

砂壳目：是一类具外壳的纤毛虫原生动物，又称砂壳纤毛虫。个体大小为 5～200 μm，大多在海洋中营浮游生活，是海洋微型浮游动物群落的重要组成部分。本目是纤毛虫中种类最多的目，世界海洋种有 15 科 900 多种，其中中国海洋种有 13 科 140 余种。

（1）布氏拟铃虫 *Tintinnopsis butschlii*（图 2-7）：隶属铃壳科 Codonellidae、拟铃虫属。壳呈倒钟形，口部扩大成喇叭形。中国南海有分布。

（2）卡拉拟铃虫 *Tintinnopsis kadix*（图 2-8）：隶属铃壳科、拟铃虫属。壳圆筒形，壳缘略呈破碎状，底部末端钝圆。壳上有粗颗粒附着。中国黄海、东海和南海均有分布。

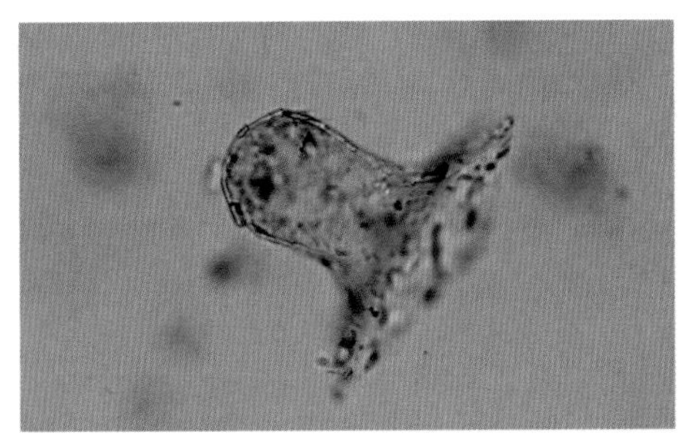
图 2-7　布氏拟铃虫 *Tintinnopsis butschlii*

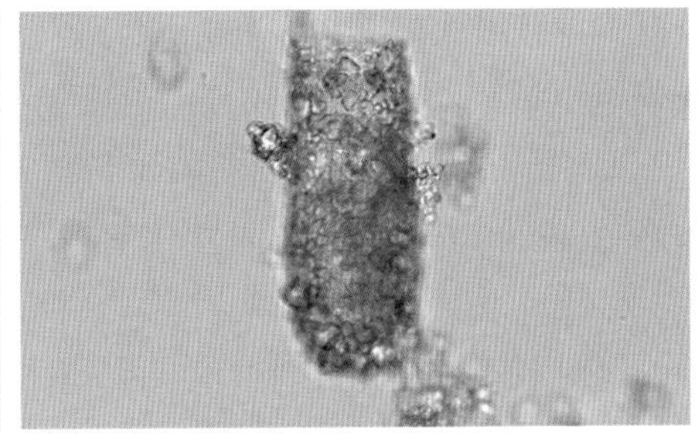
图 2-8　卡拉拟铃虫 *Tintinnopsis kadix*

（3）根状拟铃虫 *Tintinnopsis radix*（图 2-9）：隶属铃壳科、拟铃虫属。壳长圆管形，底部逐渐缩小，末端呈尖角状。壳壁薄，有大小不一的颗粒附着。中国近海常见种。

（4）妥肯丁拟铃虫 *Tintinnopsis tocantinensis*（图 2－10）：隶属铃壳科、拟铃虫属。壳前端（近口部）为圆筒形，底部膨大呈圆形，末端具一角状突，长度约等于口径。壳壁附有暗色颗粒。中国沿海均有分布。

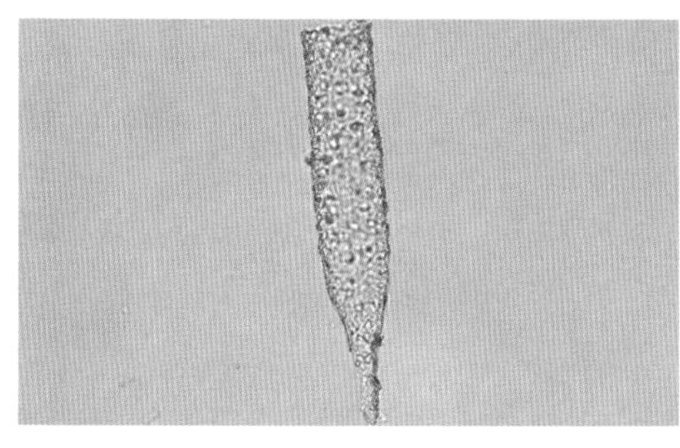

图 2－9　根状拟铃虫 *Tintinnopsis radix*

图 2－10　妥肯丁拟铃虫 *Tintinnopsis tocantinensis*

（5）类铃虫属（图 2－11）：隶属类铃科 Codonellopsidae。壳呈壶状，壶部一般呈圆形或卵圆形。壳口有一个透明的领，领上常有螺旋形条纹。中国沿海有分布。

（6）薄铃虫属（图 2－12）：隶属筒壳科 Tintinnidiidae。壳整体似量筒，上端长筒形，下端开口向外扩张。壳的一部分或全部有螺旋横纹。壳壁有细小的砂粒、泥土等杂物附着。广泛分布于中国黄海和东海。

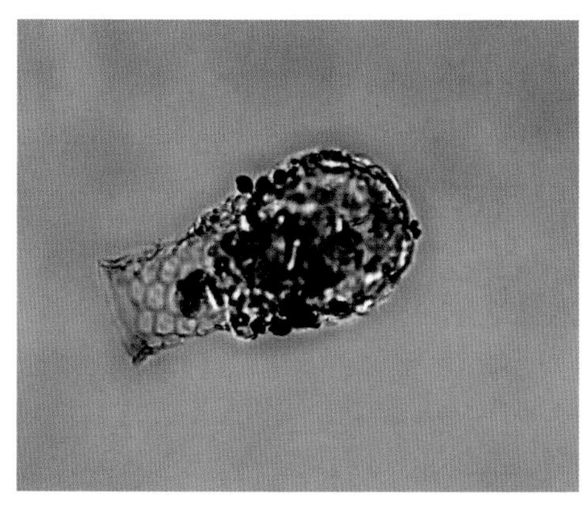

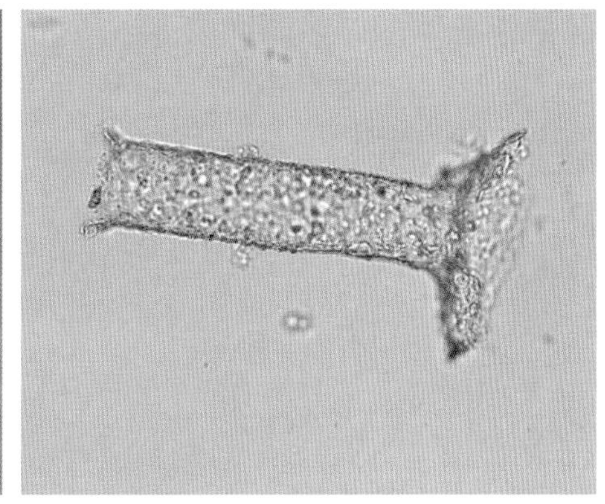

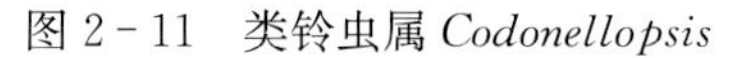

图 2－11　类铃虫属 *Codonellopsis*

图 2－12　薄铃虫属 *Leprotintinnus*

（7）网纹虫属（图 2－13）：隶属滑壳科 Xystonellidae。壳呈钟形，末端呈尖角形。壳具网纹，壳口通常具环纹。中国近海常见种。

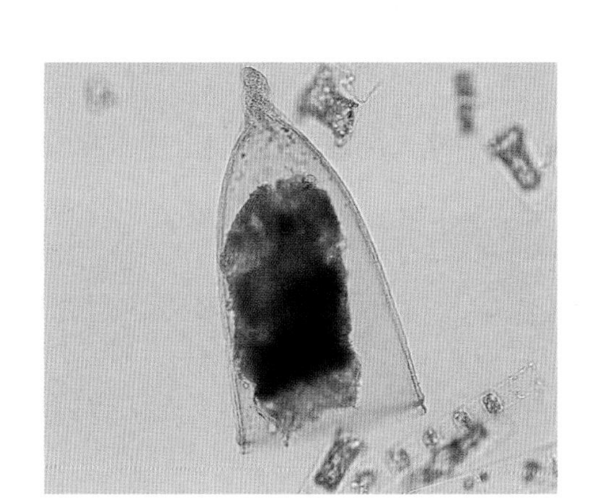

图 2-13　网纹虫属 *Favella*

六、作业与思考

1. 绘出所观察的海洋浮游原生动物，并根据实验过程和结果撰写实验报告。

2. 通过观察肉足纲和纤毛纲标本的形态结构，了解其运动胞器。

3. 通过实验识别砂壳目主要海洋常见种，并掌握其分类鉴定特征。

4. 理解原生动物是最原始又是最复杂的单细胞动物的这一说法。

实验3

腔肠动物

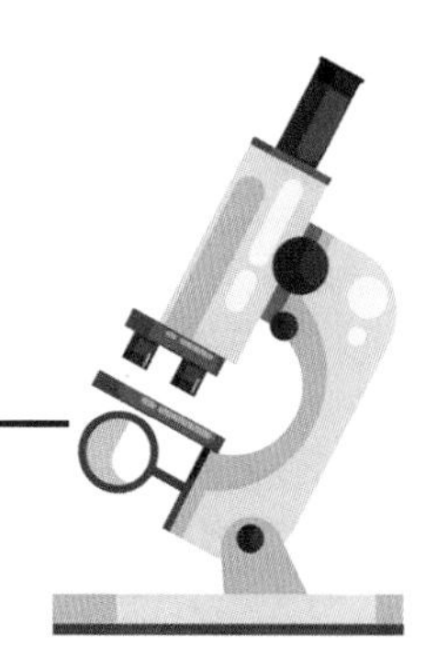

腔肠动物 Coelenterata 体呈辐射对称，具内外两胚层和组织分化，有原始的消化循环腔和最简单的神经系统，是真正后生动物的开始。腔肠动物有水螅型和水母型两种基本体型，常具刺细胞，单体或群体生活。腔肠动物一般分为水螅纲 Hydrozoa、钵水母纲 Scyphozoa、珊瑚纲 Anthozoa。绝大多数腔肠动物生活在海水中，少数生活于淡水中。水母和珊瑚是海洋动物的重要类群，与海洋渔业及生态系统的关系很密切。

一、目的和要求

1. 通过实验进一步掌握腔肠动物的基本形态和主要特征。

2. 观察和识别各纲的代表种，掌握其分类系统，了解其多样性和适应性特征。

二、实验材料

1. 水螅纲的薮枝螅属 *Obelia*、钟螅属 *Campanularia*，钵水母纲的海月水母属 *Aurelia*、海蜇属 *Rhopilema* 等浸制标本。

2. 珊瑚纲的翼海鳃属 *Pteroeides*、穗海鳃属 *Stachyptilum*、海仙人掌属 *Cavernularia*、沙箸属 *Virgularia*、角海葵属 *Cerianthus*、苍珊瑚属 *Heliopora*、笙珊瑚属 *Tubipora*、石花软珊瑚属 *Telesto*、多棘软珊瑚属 *Dendronephthya*、扇柳珊瑚属 *Melithaea*、竹节柳珊瑚属 *Isis*、鹿角珊瑚属 *Acropora*、石芝珊瑚属 *Fungia* 等浸制标本。

三、实验工具与试剂

解剖镜、放大镜，镊子，烧杯、吸管，培养皿、载玻片、盖玻片，吸水纸、擦镜纸、纱布，无水乙醇、生理盐水等。

四、实验方法

用解剖镜或放大镜观察水螅、水母标本的形态以及它们的口道和缘膜的构造，比较各种珊瑚的形态结构差异，拍照保存，记录和总结观察结果。

五、实验内容

1. 水螅纲：个体均较小，生活史有世代交替现象。大多数种类为水螅型，少数为水母型，或两种型同时存在于群体中。水螅型结构简单，无口道和隔膜；水母型一般有缘膜。单体或群体，多数为海水种。

（1）薮枝螅属（图 3－1）：隶属被鞘螅目 Leptothecata、钟螅科 Campanulariidae。螅茎分枝，体壁外有环纹角质围鞘，有漏斗状垂唇。分布于中国黄海、东海和南海。

（2）钟螅属（图 3－2）：隶属被鞘螅目、钟螅科。群体分枝或不分枝，芽鞘钟形无盖，缘有锯齿或无齿。中国东海、南海有分布。

图 3－1　薮枝螅属 *Obelia*

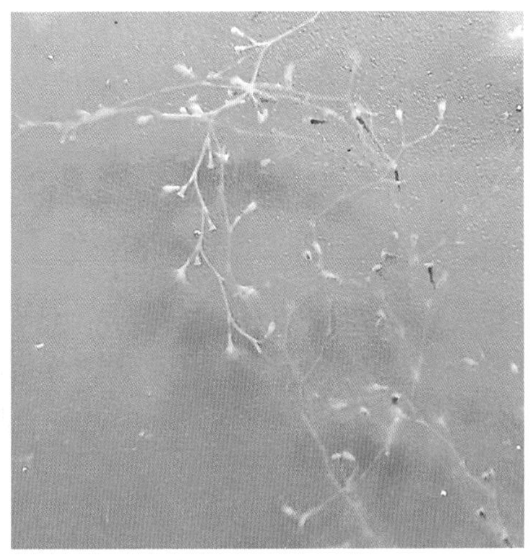

图 3－2　钟螅属 *Campanularia*

2. 钵水母纲： 体柔软、透明，口道不发达，无缘膜。多数为大型水母。水母型发达，无水螅型或水螅型退化（水螅型常以幼虫出现）。全海产，体重轻，营漂浮生活。

（1）海月水母 *Aurelia aurita*（图 3－3）：隶属旗口水母目 Semaeostomeae、洋须水母科 Uimaridae、海月水母属。伞缘分 8 瓣，有一中央口，具 4 条口腕，长度约为伞径的一半。中国沿海均有分布。

（2）海蜇 *Rhopilema esculentum*（图 3－4）：隶属根口水母目 Rhizostomeae、根口水母科 Rhizostomatidae、海蜇属。幼体伞呈弧形，成体伞呈半球形。伞面光滑，胶质厚实。伞缘具舌状缘瓣，无缘触手。具 8 条口腕，其丝状物条数为棒状物条数的 4.5～5 倍。广泛分布于中国沿海。

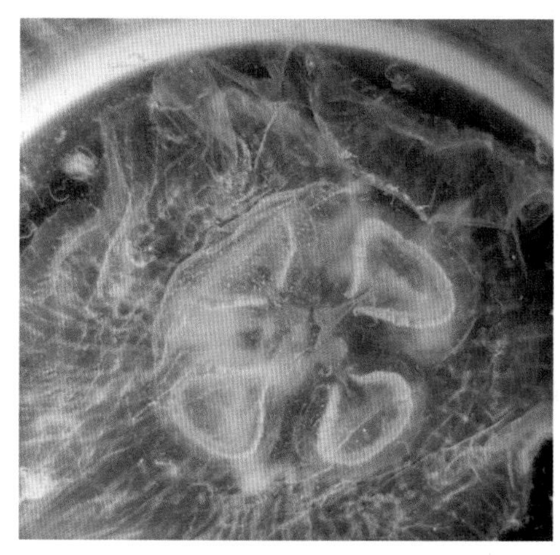

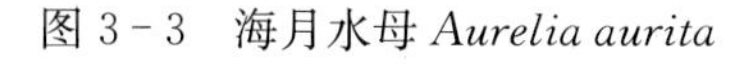

图 3－3 海月水母 *Aurelia aurita*

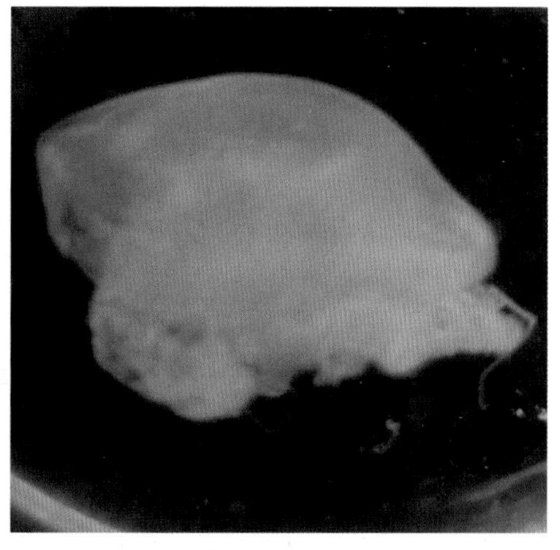

图 3－4 海蜇 *Rhopilema esculentum*

3. 珊瑚纲： 全为水螅型，无水母型。口道发达，消化循环腔内有隔膜。全海产，多生活在暖海、浅海的海底，多为群体生活。很多种类能形成钙质或角质的外骨骼。

（1）斯氏翼海鳃 *Pteroeides sparmannii*（图 3－5）：隶属海鳃目 Pennatulacea、海鳃科 Pennatulidae、翼海鳃属。体型肥大，形似扫帚。轴柱叶状片对称排布，其上排列有很多小水螅体。鲜活时呈淡红或红紫色，浸制标本呈白色。中国南海有分布。

（2）哈氏海仙人掌 *Cavernularia habereri*（图 3－6）：隶属海鳃目、棒海鳃科 Veretillidae、海仙人掌属。体近似棒状，呈淡棕色。由轴柱与柄部

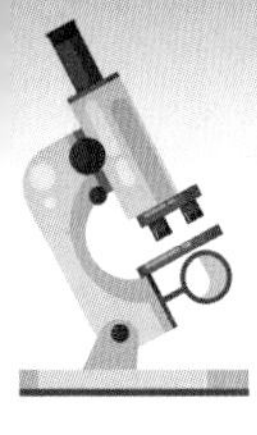

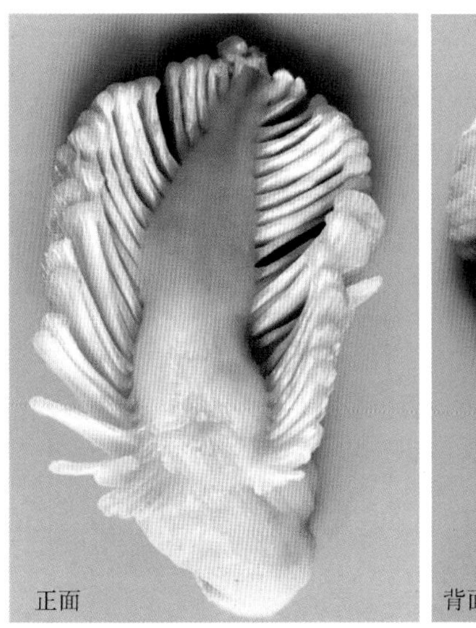

图 3-5　斯氏翼海鳃 *Pteroeides sparmannii*

组成，水螅体密集排列于轴柱，柄部固着于底质。因形似仙人掌，又称“海仙人掌”。中国渤海、黄海和东海均有分布。

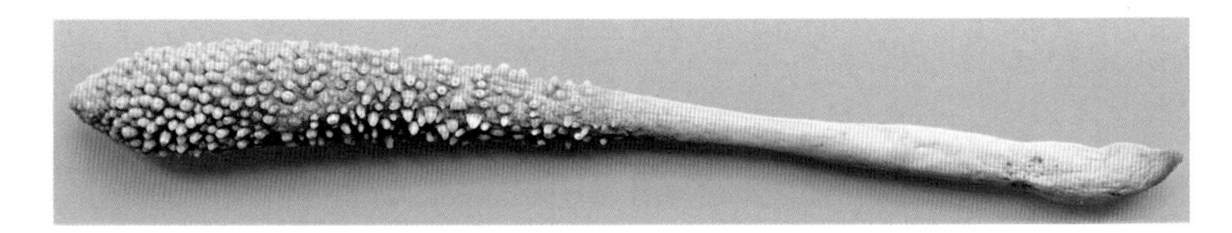

图 3-6　哈氏海仙人掌 *Cavernularia habereri*

（3）穗海鳃属（图 3-7）：隶属海鳃目、穗海鳃科 Stachyptilidae。体中轴笔直，水螅体对称排列，呈笔直羽状，颜色多变。因形似羽毛笔，又称“海笔”。中国东海、南海有分布。

图 3-7　穗海鳃属 *Stachyptilum*

（4）沙箸属（图 3-8）：隶属海鳃目、沙箸海鳃科 Virgulariidae。体形细长，轴柱叶状片从下至下逐渐密集，其上排列的水螅体颜色鲜艳，死亡后整体呈白色。中国东海、南海有分布。

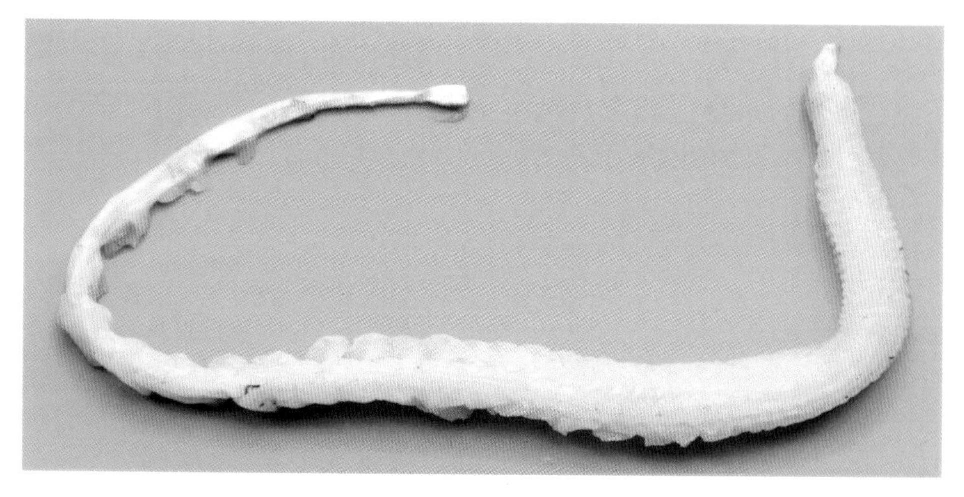

图 3-8 沙箸属 *Virgularia*

（5）角海葵属（图 3-9）：隶属海葵目 Actiniaria、角海葵科 Cerianthidae。体呈长蠕虫状，无括约肌。外鞘由刺细胞、泥沙等杂物形成，体反口短，呈圆形，其末端有一入水口。中国沿海均有分布。

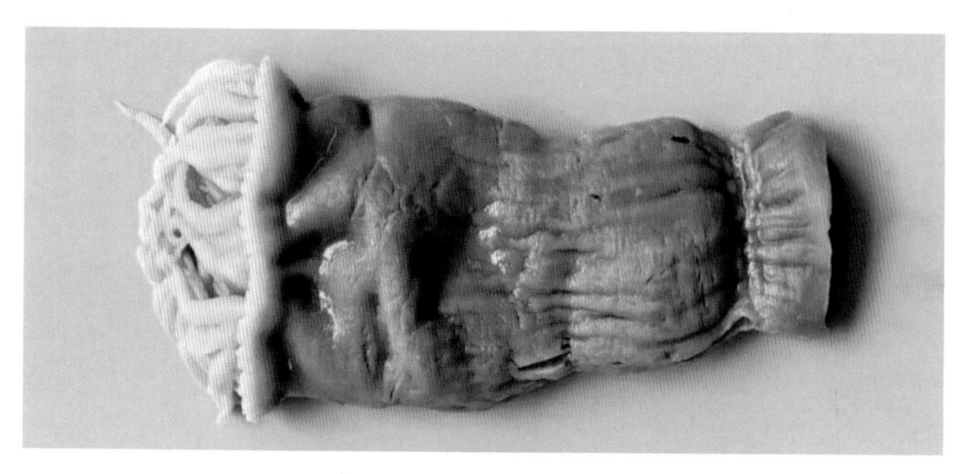

图 3-9 角海葵属 *Cerianthus*

（6）苍珊瑚 *Heliopora coerulea*（图 3-10）：隶属苍珊瑚目 Helioporacea、苍珊瑚科 Helioporidae、苍珊瑚属。群体骨骼呈巨大的枝形、盘形、柱形

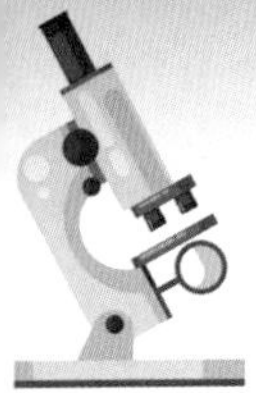

等。珊瑚虫具 8 个羽状触手。有 8 个不成对的隔膜。具宽阔的胃腔，缺乏隔板。骨骼呈现蓝色，珊瑚虫为褐色或浅蓝色。中国南海诸岛和台湾有分布。

（7）笙珊瑚 *Tubipora musica*（图 3-11）：隶属软珊瑚目 Alcyonacea、笙珊瑚科 Tubiporidae、笙珊瑚属。体呈半球或团块状，骨骼由红色细管构成，束状排列，形似乐器“笙”，其上覆盖有绿色或灰色珊瑚虫。中国沿海有分布。

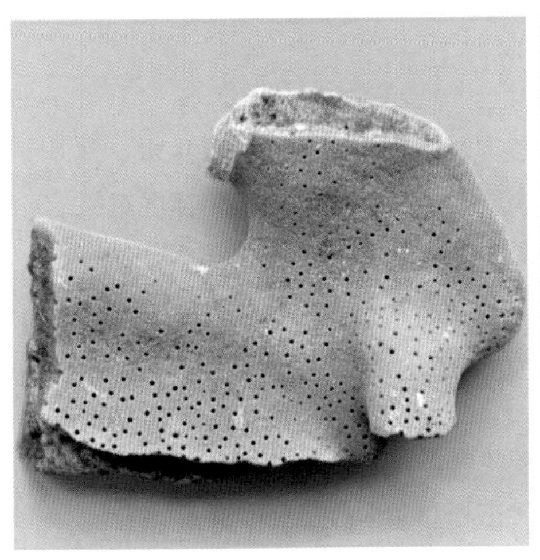

图 3-10　苍珊瑚 *Heliopora coerulea*

图 3-11　笙珊瑚 *Tubipora musica*

（8）石花软珊瑚属（图 3-12）：隶属软珊瑚目、棒花软珊瑚科 Clavulariidae。珊瑚体呈匍匐网状，茎有少数分枝。轴生水螅体细长，侧生水螅体短小。鲜活时呈黄色。中国黄海、东海和南海均有分布。

（9）巨大多棘软珊瑚 *Dendronephthya gigantea*（图 3-13）：隶属软珊瑚目、棘软珊瑚科 Nephtheidae、多棘软珊瑚属。珊瑚体短，呈树状。有主基和分枝，分枝帚状。有成堆的水螅体。鲜活时颜色多变，呈红色、粉色及橘色。中国黄海、东海和南海均有分布。

（10）鳞扇柳珊瑚 *Melithaea squamata*（图 3-14）：隶属软珊瑚目、扇珊瑚科 Melithaeidae、扇柳珊瑚属。珊瑚体形似灌木状，主干与分枝截面呈圆形。螅体分布于主干、分枝的正面和两侧，两侧多呈明显的黄色，形成黄色侧带。中国南海有分布。

图 3-12　石花软珊瑚属 *Telesto*

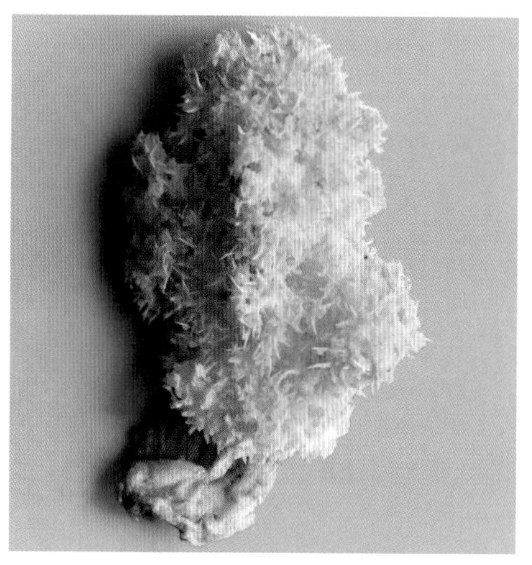

图 3-13　巨大多棘软珊瑚 *Dendronephthya gigantea*

图 3-14　鳞扇柳珊瑚 *Melithaea squamata*

（11）网枝竹节柳珊瑚 *Isis reticulata*（图 3-15）：隶属软珊瑚目、竹节柳珊瑚科 Isididae、竹节柳珊瑚属。珊瑚体末端分枝细长稀疏，且相互吻合成网状。中轴分节，有黑色角质节间，钙质中轴节间有分枝。中国南海诸岛有分布。

（12）鹿角珊瑚属（图 3-16）：隶属石珊瑚目 Scleractinia、鹿角珊瑚科 Acroporidae。珊瑚体呈分枝状、树状、灌木状等，少数为亚块状。有轴珊瑚体和辐射珊瑚体，隔片二轮，无轴柱。珊瑚体壁和共骨具多个孔。中国南海有分布。

（13）石芝珊瑚 *Fungia fungites*（图 3-17）：隶属石珊瑚目、石芝珊瑚

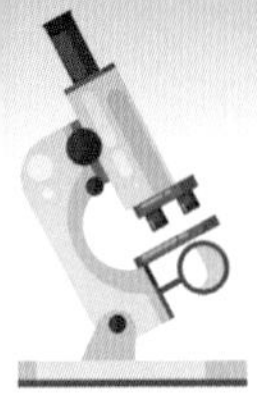

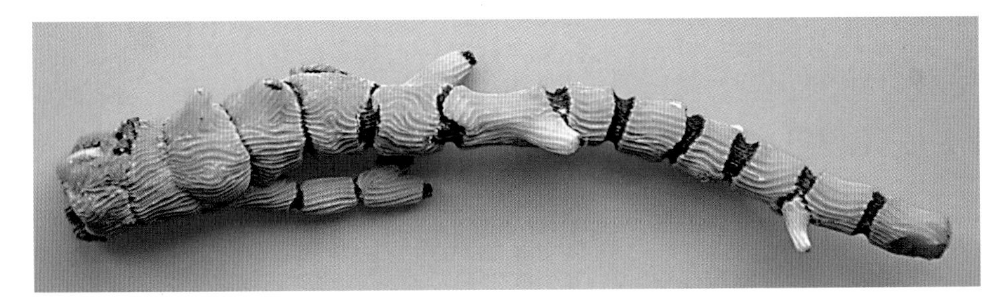
图 3-15　网枝竹节柳珊瑚 *Isis reticulata*

科 Fungiidae、石芝珊瑚属。珊瑚骨骼圆形，中央窝短而深。隔片齿呈尖三角形，珊瑚肋刺光滑，为圆锥形。中国南海和台湾有分布。

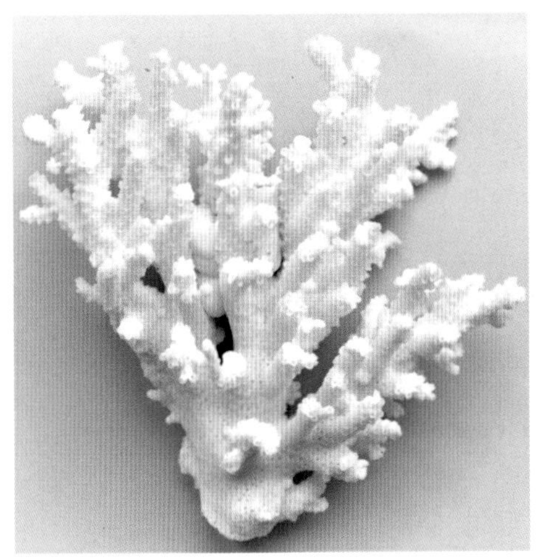
图 3-16　鹿角珊瑚属 *Acropora*

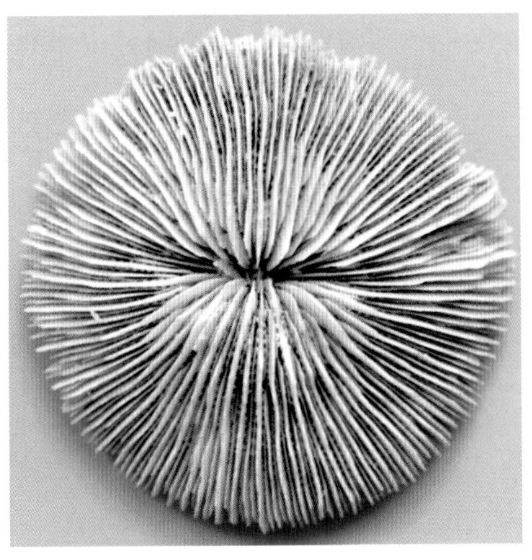
图 3-17　石芝珊瑚 *Fungia fungites*

六、作业与思考

1. 绘出所观察的海洋腔肠动物，并根据实验过程和结果撰写实验报告。
2. 掌握钵水母与水螅水母的形态差异。
3. 根据观察的珊瑚纲标本形态特征，编制其物种的分类检索表。
4. 通过实验理解珊瑚纲动物多样性与其生活环境之间的关系。

实验 4

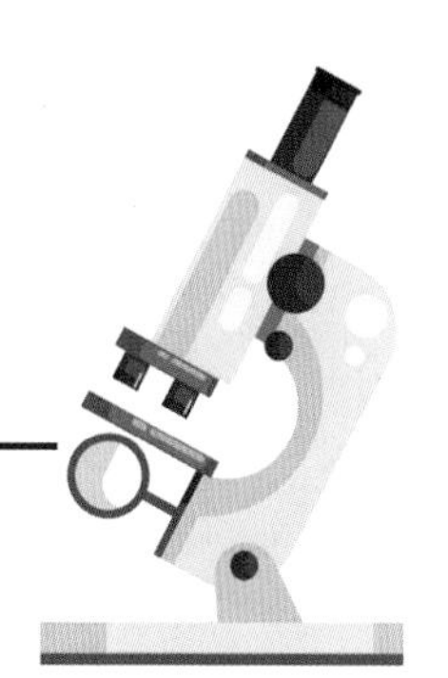

环节动物、星虫动物

环节动物 Annelida 身体分节，出现真体腔，具有闭管式循环系统、后肾管型排泄系统、索式（链式）神经系统等结构，是高等无脊椎动物的开始。环节动物分为多毛纲 Polychaeta、寡毛纲 Oligochaeta、蛭纲 Hirudinea，前者多为海生，后两者绝大多数生活在淡水和陆地上。星虫动物 Sipuncula 为海洋底栖动物，具有与环节动物相似的特征（如真体腔、后肾管、体壁肌等），是环节动物的姐妹群。

一、目的和要求

1. 通过实验了解环节动物和星虫动物的基本形态和生理特征。

2. 认识多毛纲和星虫主要科的常见种，了解其多样性和适应性特征，初步掌握主要科和常见种的形态鉴别特征。

二、实验材料

1. 多毛纲的缨鳃虫目 Sabellida、蛰龙介目 Terebellida、海稚虫目 Spionida、叶须虫目 Phyllodocida、矶沙蚕目 Eunicida、沙蚕目 Nereidida 等常见种的浸制标本和新鲜标本。

2. 星虫动物的方格星虫目 Sipunculiformes、革囊星虫目 Aspidosiphoniformes 的常见种的浸制标本和新鲜标本。

三、实验工具与试剂

显微镜、解剖镜、放大镜，解剖针、镊子，烧杯，培养皿，载玻片、盖

玻片，吸水纸、擦镜纸、纱布，无水乙醇、生理盐水等。

四、实验方法

1. 用解剖镜或放大镜观察多毛类、星虫的身体形态，包括多毛类的头部、疣足、刚毛和星虫的吻部、触手的构造等。比较各种多毛类的形态差异，拍照和做好实验记录。

2. 用镊子取下沙蚕的一个疣足放在载玻片上，在显微镜下观察疣足和刚毛的结构。

五、实验内容

1. 多毛纲：是环节动物门中最大的一个纲，已知有 10 000 多种。身体分节明显，细长，稍扁或圆柱状，分为头部、躯干部、肛节，具疣足和刚毛。头部具有触手和触须，感觉器官比较发达。具无性生殖和有性生殖，有特定的生殖现象。绝大多数多毛类为海生种类，多营自由游动生活或少数管栖穴居，发育多经担轮幼虫期。多毛类是经济贝类、虾蟹类和鱼类的主要饵料，或是人类的副食品（如沙蚕）。

（1）胶管虫 *Myxicola infundibulum*（图 4－1）：隶属缨鳃虫目、缨鳃虫科 Sabellidae、胶管虫属 *Myxicola*。体呈圆筒形，前端粗，后端较细。身体有 60～100 节，体长 120～160 mm，最宽处 10 mm。头部退化，口孔周围有羽状鳃丝形成的漏斗状鳃冠。中国渤海、黄海有分布。

图 4－1　胶管虫 *Myxicola infundibulum*

（2）巨伪刺缨虫 *Pseudopotamilla myriops*（图 4－2）：隶属缨鳃虫目、缨鳃虫科、伪刺缨虫属 *Pseudopotamilla*。体呈圆筒状。头部有一个紫褐色的羽状鳃冠，两侧各有 40～45 个鳃丝，其背面有一对粗而短的指状触手。中国渤海、黄海和东海均有分布。

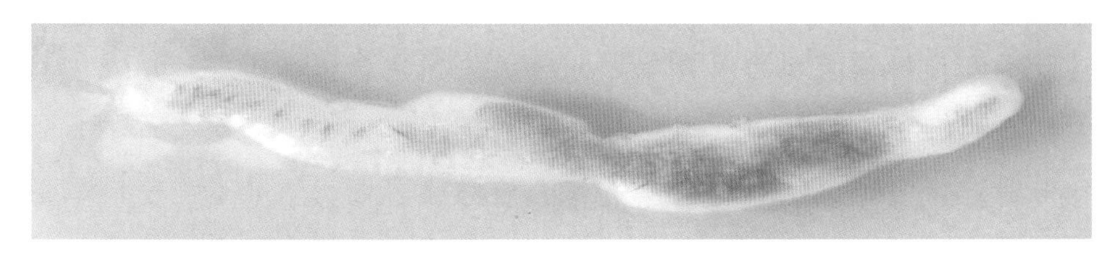

图 4-2 巨伪刺缨虫 *Pseudopotamilla myriops*

(3) 蛰龙介科 Terebellidae (图 4-3): 隶属蛰龙介目。体前端具许多不能缩入口中的有沟触手，口背腹面具触手叶。蛰龙介科为管栖蠕虫，具粘有沙和泥的栖管。中国东海有分布。

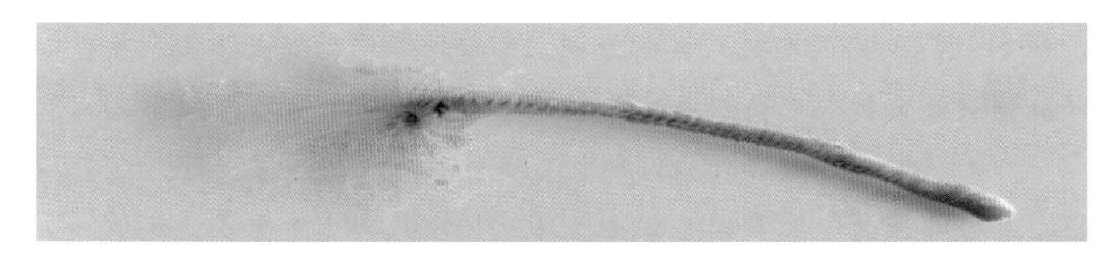

图 4-3 蛰龙介科 Terebellidae

(4) 磷虫 *Chaetopterus variopedatus* (图 4-4): 隶属海稚虫目、磷虫科 Chaetopteridae、磷虫属 *Chaetopterus*。体前端具一对短的有沟触角，口前叶呈小结节状，围口节为宽圆领状。躯干前区具锥状背叶和矛状刚毛，中区具分离的翼状背叶，后区具柳叶形或指形背叶。中国黄海有分布。

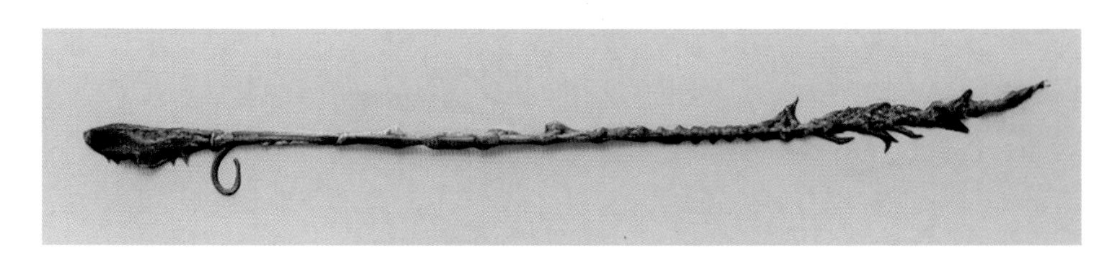

图 4-4 磷虫 *Chaetopterus variopedatus*

(5) 鳞沙蚕科 Aphroditidae (图 4-5): 隶属叶须虫目。体卵圆形，背腹扁平，背面多为鳞片和毡毛所覆盖，体节数不超过 60 节。中国黄海、南海有分布。

(6) 长吻沙蚕 *Glycera chirori* (图 4-6): 隶属叶须虫目、吻沙蚕科

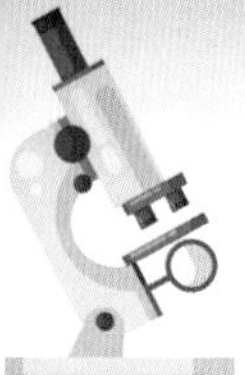

Glyceridae、吻沙蚕属 *Glycera*。体大而粗，每个体节上具 10 个环轮。口前叶短，圆锥形；吻短而粗，具稀疏的叶状和圆锥状乳突；颚稍弯曲。中国黄海、东海和南海北部均有分布。

图 4-5　鳞沙蚕科 Aphroditidae

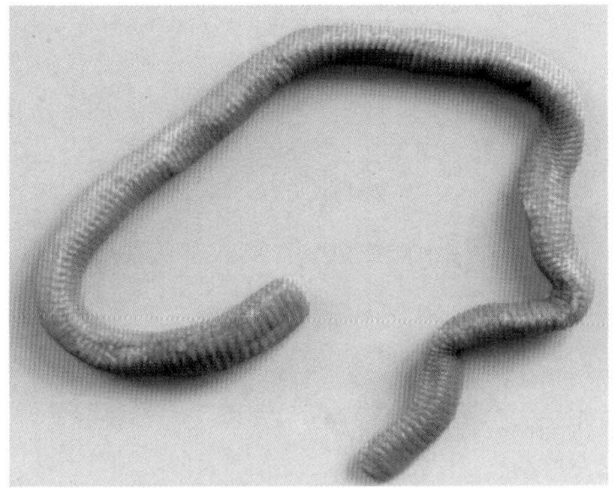

图 4-6　长吻沙蚕 *Glycera chirori*

（7）巢沙蚕属 *Diopatra*（图 4-7）：隶属矶沙蚕目、欧努菲虫科 Onuphidae。前触手短，圆锥形；围口节背侧具一对短触须。体前部疣足不特别长，无特殊的刚毛，具指状背须。鳃多始于第 4～5 刚节，部分鳃丝呈螺旋排列。中国黄海、东海和南海均有分布。

图 4-7　巢沙蚕属 *Diopatra*

（8）海毛虫属 *Chloeia*（图 4-8）：隶属矶沙蚕目、仙虫科 Amphinomidae。体稍扁，卵圆形。口前叶前有 1 对触手，中央触手位于口前叶后部；腹面有沟，具 1 对触手。中国南海有分布。

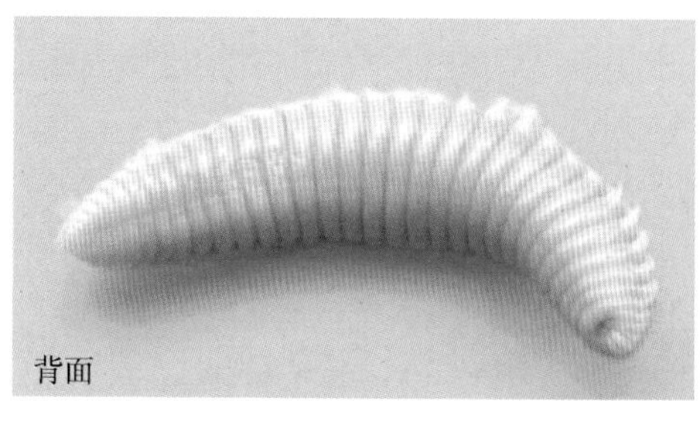

图 4－8 海毛虫属 *Chloeia*

（9）环唇沙蚕 *Cheilonereis cyclurus*（图 4－9）：隶属沙蚕目、沙蚕科 Nereididae、环唇沙蚕属 *Cheilonereis*。口前叶小，触手稍短于触角，围口节宽而长，呈一漏斗状的领围绕着口前叶，背面光滑，腹面及两侧具纵皱纹。中国黄海、渤海有分布。

（10）双齿围沙蚕 *Perinereis aibuhitensis*（图 4－10）：隶属沙蚕目、沙蚕科、围沙蚕属 *Perinereis*。口前叶似梨形，前部窄、后部宽。触手稍短于触角。2 对眼呈倒梯形排列于口前叶的中后部。中国沿海均有分布。

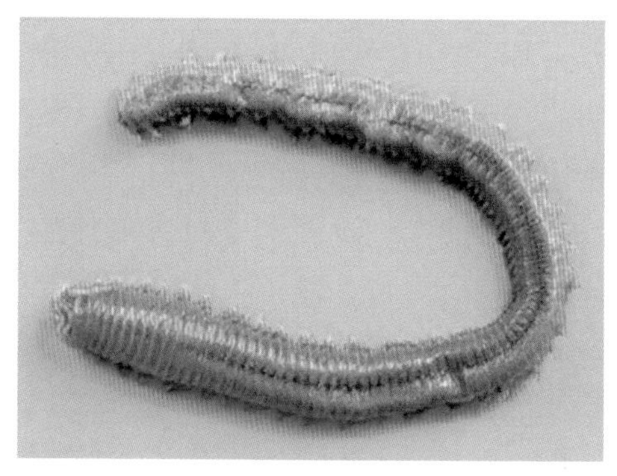

图 4－9 环唇沙蚕 *Cheilonereis cyclurus*

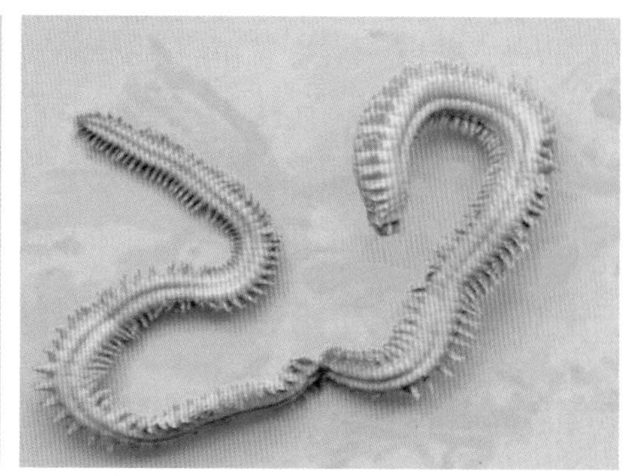

图 4－10 双齿围沙蚕 *Perinereis aibuhitensis*

（11）日本年沙蚕 *Hediste japonica*（图 4－11）：隶属沙蚕目、沙蚕科、年沙蚕属 *Hediste*。体长圆柱形，头部宽大于长，触手很短，触角短而粗大。触须 4 对。中国渤海、黄海和东海有分布。

（12）疣吻沙蚕 *Tylorrhynchus heterochetus*（图 4－12）：隶属沙蚕目、沙蚕科、疣吻沙蚕属 *Tylorrhynchus*。口前叶前缘具纵裂缝，2 对近等大的圆形眼呈倒梯形位于口前叶的后中部。前部双叶型疣足，上背舌叶膨大、背须位其上，下背舌叶呈指状。中国东海及南海河口区有分布。

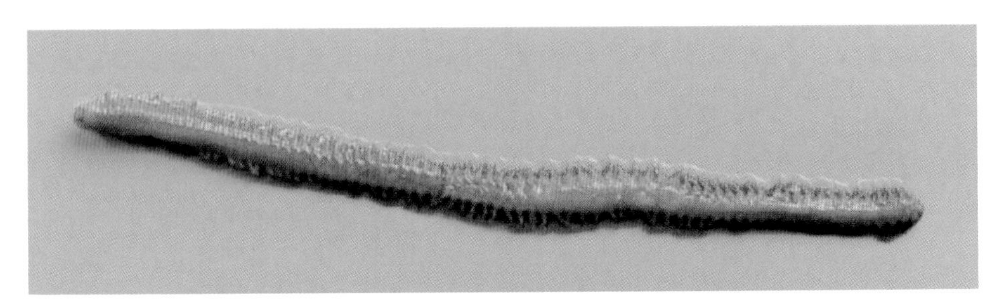

图 4-11　日本年沙蚕 *Hediste japonica*

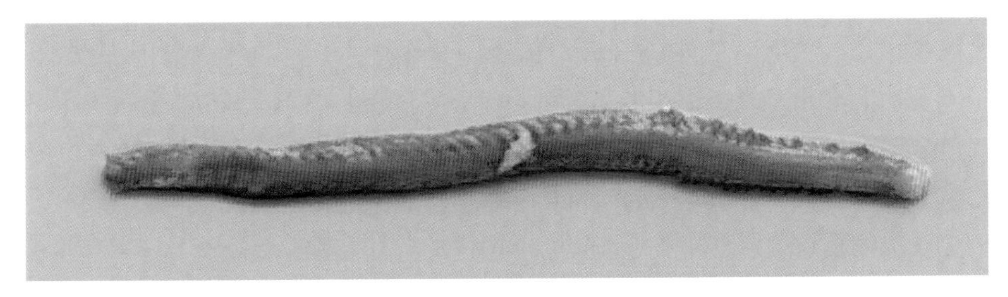

图 4-12　疣吻沙蚕 *Tylorrhynchus heterochetus*

2. 星虫动物： 体呈长圆柱形，不分节，由翻吻和躯干两部分组成的海洋蠕虫。因其翻吻前端的叶瓣或触手呈星芒状而称为星虫。世界星虫约有300种，常生活在潮间带或浅海的泥沙里、岩石缝、珊瑚礁或海边湿泥中，发育多经担轮幼虫期。

（1）裸体方格星虫 *Sipunculus nudus*（图 4-13）：隶属方格星虫纲 Sipunculidea、方格星虫目、管体星虫科 Sipunculidae、方格星虫属 *Sipunculus*。体长 10～200 mm。体色浅黄或橘黄。体壁较厚，不透明或半透明。吻覆盖有三角形乳突，顶尖向后，呈鳞状排列。中国黄海、东海和南海均有分布。

（2）革囊星虫属 *Phascolosoma*（图 4-14）：隶属革囊星虫纲 Phascolosomatidea、革囊星虫目、革囊星虫科 Phascolosomatidae。虫体圆长，形似瓶状或烧瓶状。体表面被有锥状或半圆形乳突，其上具角质小板，呈红棕色或棕色。项触手在口的背侧，呈半环形或马蹄形围绕项器。中国渤海、黄海有分布。

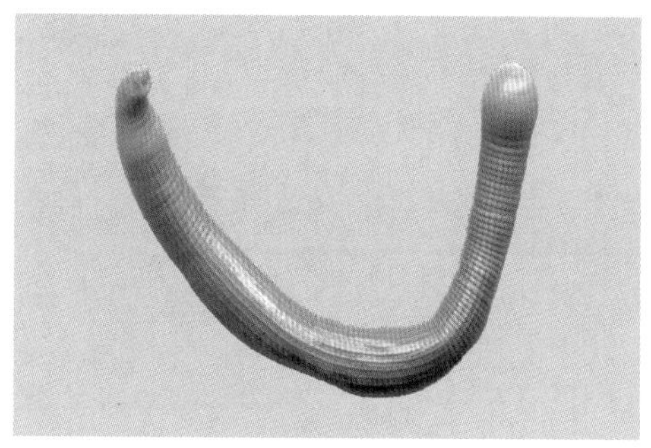

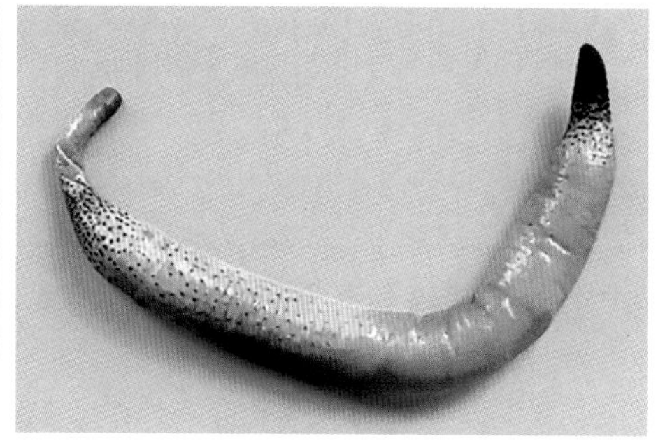

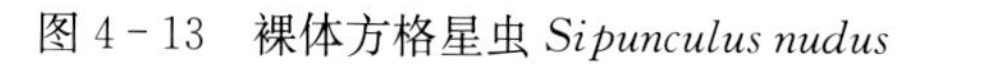

图 4-13 裸体方格星虫 *Sipunculus nudus*

图 4-14 革囊星虫属 *Phascolosoma*

六、作业与思考

1. 绘出所观察的环节动物和星虫动物，并根据实验过程和结果撰写实验报告。

2. 掌握沙蚕科的形态特征，并了解疣足和刚毛的基本结构及其机能。

3. 通过实验理解环节动物是高等无脊椎动物的开始的说法。

4. 比较环节动物和星虫动物之间的形态异同，并理解二者之间的系统关系。

实验 5

软体动物腹足类

软体动物 Mollusca 是动物界第二大门类，现生种类超过 10 万种，海洋、淡水及陆地上均有分布，以海生种居多。软体动物的可食用种类主要集中在腹足纲 Gastropoda、双壳纲 Bivalvia、头足纲 Cephalopoda 等三大类群。其中腹足类是软体动物的最大一个纲，身体左右不对称，多具螺旋形的单壳，因其腹足位于头部而得名。根据呼吸系统和侧脏神经连索特征，腹足纲可分为前鳃亚纲 Prosobranchia、后鳃亚纲 Opisthobranchia、肺螺亚纲 Pulmonata。

一、目的和要求

1. 掌握腹足纲的形态特征，学会利用分类工具书识别主要经济科、属、种。

2. 通过实验了解腹足纲多样性和适应性特征。

二、实验材料

1. 前鳃亚纲的原始腹足目 Archaeogastropoda、中腹足目 Mesogastropoda、新腹足目（狭舌目）Neogastropoda 等常见种的示范标本和新鲜标本。

2. 后鳃亚纲的头楯目 Cephalaspidea、无楯目 Anaspidea，肺螺亚纲的基眼目 Basommatophora、柄眼目 Stylommatophora 代表种的示范标本和浸制标本。

三、实验工具与试剂

解剖镜、放大镜，镊子，烧杯，培养皿，载玻片、盖玻片，吸水纸、擦镜纸、纱布，无水乙醇、生理盐水等。

四、实验方法

用解剖镜或放大镜观察腹足类标本的形态结构，包括壳形、壳口、螺旋部、体螺层、螺肋、前后沟、齿、厣、内外唇、壳面颜色及花纹等构造。比较前鳃亚纲三个目主要科常见种以及后鳃亚纲和肺螺亚纲代表种的形态差异，拍照保存，做好实验记录。

五、实验内容

（一）前鳃亚纲

鳃简单，一般位于心室的前方，故称为前鳃类。侧脏神经连索交叉呈 8 形，又称为“扭神经类”。有外壳，具厣。头部有 1 对触角。多雌雄异体。

1. 原始腹足目： 栉鳃呈楯状（1～2 个），多具 2 个心耳，齿舌较多。多数海产。

（1）杂色鲍 *Haliotis diversicolor*（图 5－1）：隶属鲍科 Haliotidae、鲍属 *Haliotis*。壳呈耳形，壳内具珍珠光泽。壳边缘具 7～9 个小孔。螺旋部很小，体螺层及壳口很大。放射肋明显，与生长纹交错呈布纹状。中国东海、南海有分布。

图 5－1　杂色鲍 *Haliotis diversicolor*

（2）中华盾蝛 *Scutus sinensis*（图 5－2）：隶属钥孔蝛科 Fissurellidae、

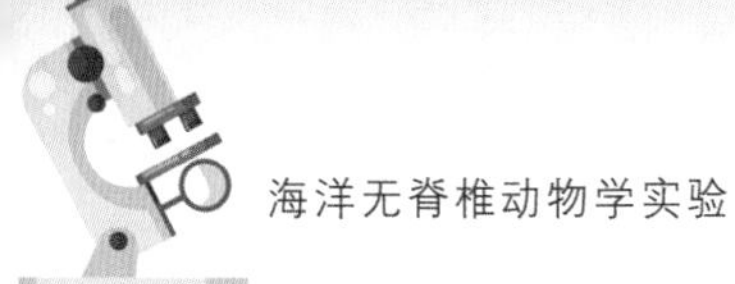

盾蝛属 *Scutus*。壳呈鸭嘴形，前窄后宽。壳顶钝，壳前缘具似三角形缺刻，壳后缘宽圆。壳面生长纹细密，放射肋弱。壳面褐色。中国南海有分布。

图 5-2　中华盾蝛 *Scutus sinensis*

（3）史氏背尖贝 *Nipponacmea schrenckii*（图 5-3）：隶属笠贝科 Lottiidae、背尖贝属 *Nipponacmea*。壳呈椭圆形，笠状。壳顶近前端。壳面放射肋细密，具褐色。壳内灰青色，边缘具褐色带。中国沿海均有分布。

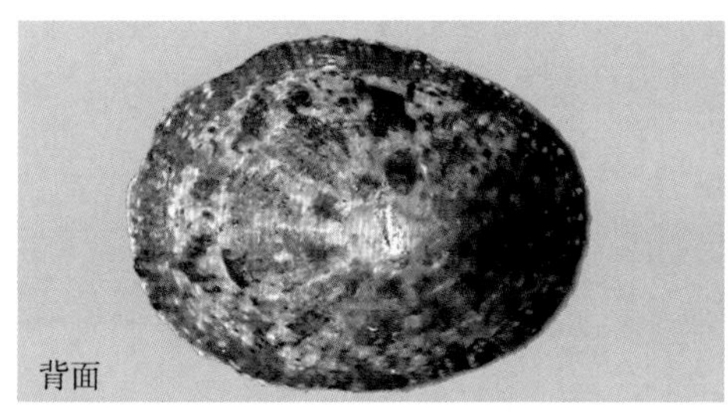

图 5-3　史氏背尖贝 *Nipponacmea schrenckii*

（4）奥莱彩螺 *Clithon oualaniense*（图 5-4）：隶属蜒螺科 Neritidae、彩螺属 *Clithon*。壳近球形，螺旋部低，体螺层膨圆。壳口半圆形，内唇内缘中部有 4～5 枚小齿。壳面光滑，颜色和花纹多变。中国南海有分布。

图 5-4　奥莱彩螺 *Clithon oualaniense*

（5）星状帽贝 *Scutellastra flexuosa*（图5-5）：隶属帽贝科 Patellidae、帽贝属 *Scutellastra*。贝壳呈笠帽状，壳体低平而结实，壳顶位置多偏前方。壳面粗糙，放射肋（8～9条）突出于壳缘，呈不规则的爪状。中国东海、南海有分布。

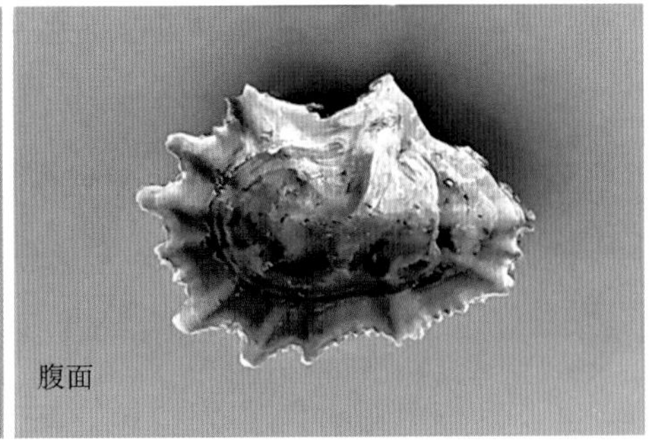

图5-5　星状帽贝 *Scutellastra flexuosa*

（6）单齿螺 *Monodonta labio*（图5-6）：隶属马蹄螺科 Trochidae、单齿螺属 *Monodonta*。壳呈梨形、坚厚。壳口完全，呈圆形，内唇弧形，基部齿发达，无脐孔。螺肋由长方形粒状突起组成。壳面暗绿色，具黄白色斑。中国南海有分布。

图5-6　单齿螺 *Monodonta labio*

（7）马蹄螺 *Trochus maculatus*（图5-7）：隶属马蹄螺科、马蹄螺属 *Trochus*。壳呈圆锥形，螺层约10层，等距离分布。内唇厚，有4枚齿。脐呈漏斗状，宽而深。壳面暗绿色，具紫色纵行条斑。中国东海、南海有分布。

图 5－7　马蹄螺 *Trochus maculatus*

（8）银口凹螺 *Tegula argyrostoma*（图 5－8）：隶属马蹄螺科、凹螺属 *Tegula*。壳呈低圆锥形。螺层 6 层，上低、下宽。壳面具左斜行纵肋，生长线细密。壳口近四方形，内唇呈 V 形，具一钝齿。中国东海、南海有分布。

图 5－8　银口凹螺 *Tegula argyrostoma*

（9）金口蝾螺 *Turbo chrysostomus*（图 5－9）：隶属蝾螺科 Turbinidae、蝾螺属 *Turbo*。贝壳重实、坚硬，螺层约 6 层。壳面肋上有棘状突起。壳口圆，内面橙黄色。外唇具缺刻，内唇向下方扩张。无脐孔。壳表淡橙色，有紫黑色斑纹。中国南海有分布。

图 5－9　金口蝾螺 *Turbo chrysostomus*

2. 中腹足目：神经系统相当集中，具一心耳、一肾、一栉鳃，齿式多为2·1·1·1·2。

（1）纵带滩栖螺 *Batillaria zonalis*（图5-10）：隶属滩栖螺科 Batillariidae、滩栖螺属 *Batillaria*。壳呈尖锥形，基部膨胀，下端收窄。螺层约12层。壳口卵圆形，内唇稍厚，前、后沟明显。壳面呈青灰色或黑褐色。中国沿海均产。

背面

腹面

图5-10 纵带滩栖螺 *Batillaria zonalis*

（2）中华蟹守螺 *Rhinoclavis sinensis*（图5-11）：隶属蟹守螺科 Cerithiidae、蟹守螺属 *Rhinoclavis*。壳呈锥形，螺层肋上结节突起明显。壳口斜卵形，内唇扩张，有2条肋状皱褶。前沟半管状，弯向背方；后沟呈缺刻状。壳面黄褐色，有紫色斑点。中国东海、南海有分布。

背面

腹面

图5-11 中华蟹守螺 *Rhinoclavis sinensis*

（3）珠带拟蟹守螺 *Cerithidea cingulata*（图5-12）：隶属汇螺科 Potamididae、拟蟹守螺属 *Cerithidea*。壳呈尖锥形，螺层约15层。体螺层腹面左侧有1条发达的纵肋。壳口近圆形，内唇下方稍厚，有前沟。壳面黄褐色。中国沿海均产。

图 5-12　珠带拟蟹守螺 *Cerithidea cingulata*

（4）棒锥螺 *Turritella bacillum*（图 5-13）：隶属锥螺科 Turritellidae、锥螺属 *Turritella*。壳呈尖锥状，螺层约 23 层。各螺层下半部稍膨胀，具 5～7 条螺肋。壳口卵圆形，内面有沟纹。外唇薄，内唇稍扭曲。壳面呈黄褐色或紫褐色。中国东海、南海有分布。

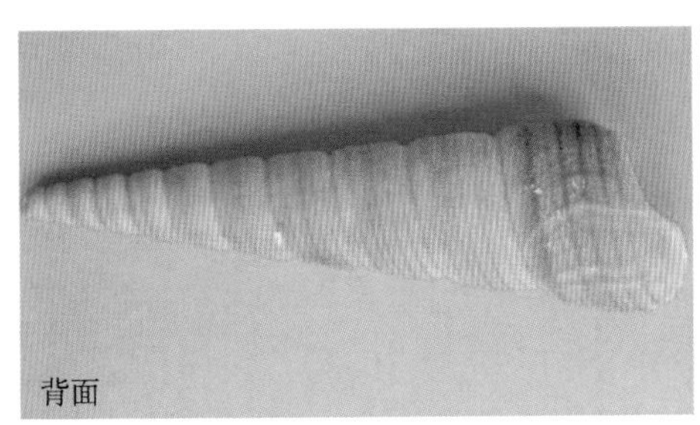

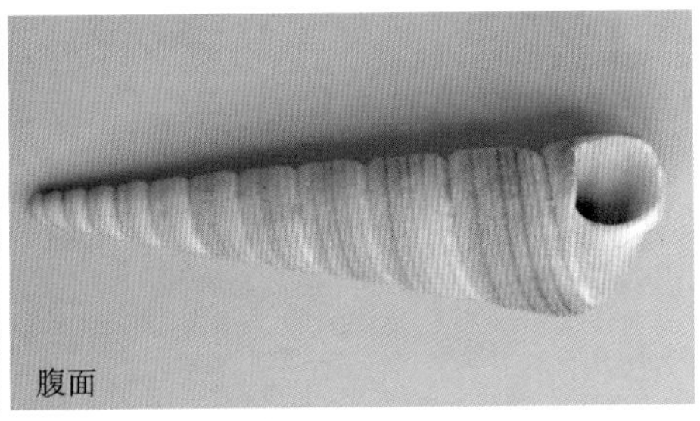

图 5-13　棒锥螺 *Turritella bacillum*

（5）习见蛙螺 *Bufonaria rana*（图 5-14）：隶属于蛙螺科 Bursidae、蛙螺属 *Bufonaria*。壳呈菱形，螺层约 9 层。壳表面有棘刺和纵肿肋。壳口橄榄形，外唇内缘具白色小齿，前沟长，后沟短。厣角质。壳面淡黄色。中国东海、南海有分布。

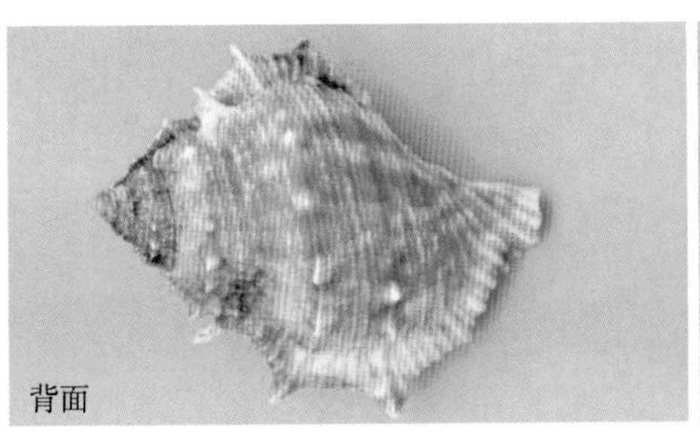

图 5-14　习见蛙螺 *Bufonaria rana*

（6）双沟鬘螺 *Semicassis bisulcata*（图 5-15）：隶属冠螺科 Cassididae、鬘螺属 *Semicassis*。壳近球状。壳口长，外唇缘厚向外卷，内缘有肋状齿，内唇前部扩张成片状。前沟宽短，向背方扭曲。壳面呈淡褐色，体螺层有近方形褐斑。中国东海、南海有分布。

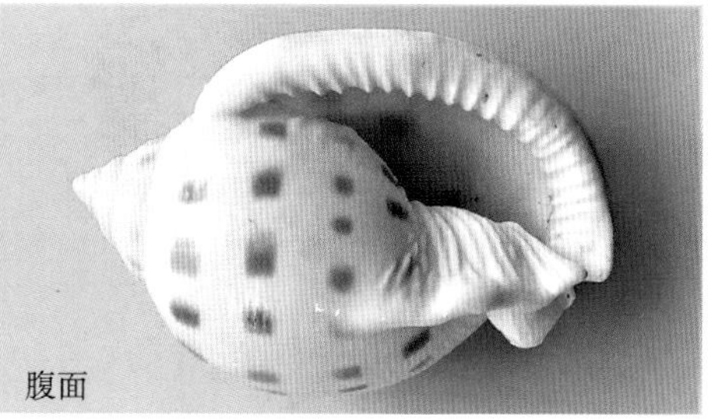

图 5-15　双沟鬘螺 *Semicassis bisulcata*

（7）阿文绶贝 *Mauritia arabica*（图 5-16）：隶属宝贝科 Cypraeidae、绶贝属 *Mauritia*。壳呈长卵圆形。壳背部膨圆，两侧缘增厚。壳口窄，位于腹面近中部。内、外唇齿各有 30 枚左右。壳面淡褐色，布满棕褐色花纹和环纹，背线明显。中国东海、南海有分布。

图 5-16　阿文绶贝 *Mauritia arabica*

（8）线形琵琶螺 *Ficus filosa*（图 5-17）：隶属琵琶螺科 Ficidae、琵琶螺属 *Ficus*。壳呈梨形，体螺层约 6 层。壳口广阔，外唇弧形，内唇弯曲。前沟长而且宽。壳面有螺肋、纵肋和小颗粒突起。中国南海有分布。

（9）扁玉螺 *Neverita didyma*（图 5-18）：隶属玉螺科 Naticidae、玉螺属 *Neverita*。壳呈半球形。壳面光滑，生长线细密。壳口卵圆形，外唇弧形，内唇稍直。中部有一大的脐结节。壳面顶部紫褐色，基部白色，其余部分淡黄色。中国沿海均产。

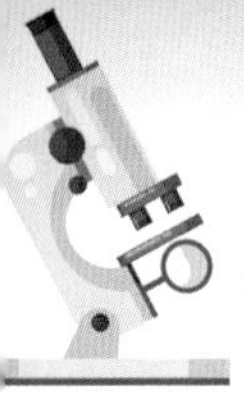

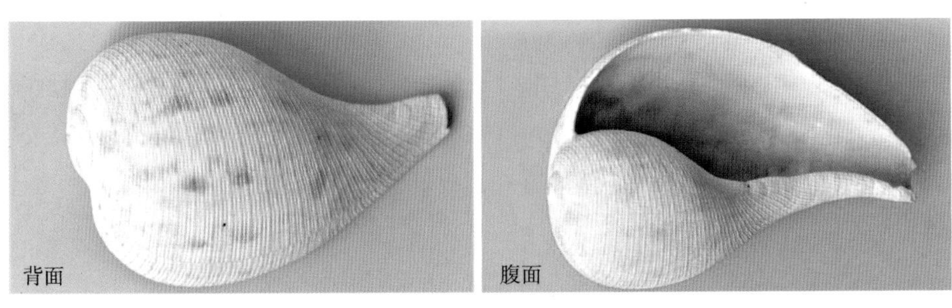

图 5－17　线形琵琶螺 *Ficus filosa*

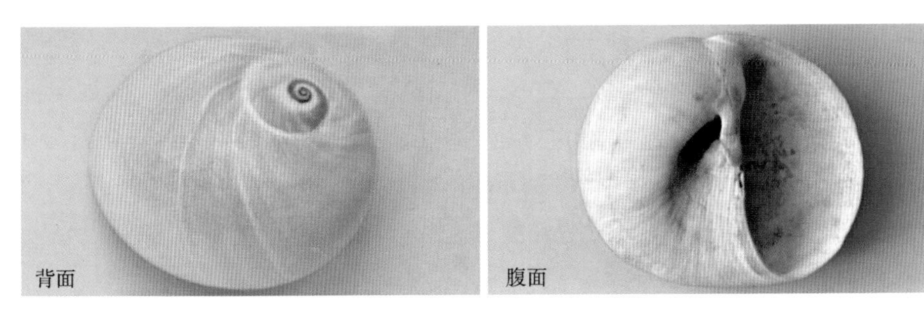

图 5－18　扁玉螺 *Neverita didyma*

（10）爪哇窦螺 *Sinum javanicum*（图 5－19）：隶属玉螺科、窦螺属 *Sinum*。壳低扁，卵圆形。螺旋部低小，体螺层宽大。壳口卵圆形，外唇呈弧形，内唇上部反折成遮缘掩盖脐部，脐孔不明显。壳面白色，被有黄褐色壳皮。中国南海有分布。

图 5－19　爪哇窦螺 *Sinum javanicum*

（11）环沟嵌线螺 *Cymatium cingulatum*（图 5－20）：隶属嵌线螺科 Ranellidae、嵌线螺属 *Cymatium*。壳近梨形，螺层肋上有结节状突起。壳口卵圆形，外唇内缘有肋齿，前沟稍向背方弯曲。壳面黄褐色，外被绒毛状壳皮。中国东海、南海有分布。

图 5-20　环沟嵌线螺 *Cymatium cingulatum*

（12）黑口凤螺 *Strombus aratrum*（图 5-21）：隶属凤螺科 Strombidae、凤螺属 *Strombus*。壳大而厚，壳口狭长。内唇向外扩张；外唇前端有 U 形唇窦，后端延伸呈半管状的棘。前沟稍长，弯向背方。壳面灰黄色，具褐色斑纹。中国东海、南海有分布。

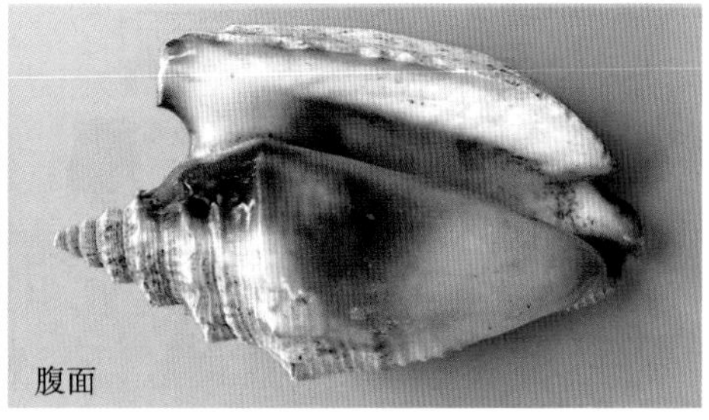

图 5-21　黑口凤螺 *Strombus aratrum*

（13）沟鹑螺 *Tonna sulcosa*（图 5-22）：隶属鹑螺科 Tonnidae、鹑螺属 *Tonna*。壳近球形，螺肋较粗而低平。壳口大，近半圆形。外唇边缘具缺刻，内缘有成对的齿状肋。内唇有假脐。前沟宽短。壳面白色，外被黄色壳皮。中国东海、南海有分布。

图 5-22　沟鹑螺 *Tonna sulcosa*

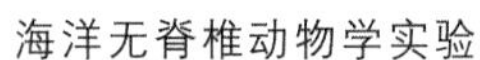

(14) 覆氏小蛇螺 *Thylacodes adamsii*（图 5－23）：隶属蛇螺科 Vermetidae、小蛇螺属 *Thylacodes*。壳呈管状，向外盘卷如蛇卧。壳面具粗细相间的螺肋，肋上被覆瓦状的鳞片。生长线粗糙。壳口卵圆形，内面呈褐色。壳面灰黄或褐色。中国东海、南海有分布。

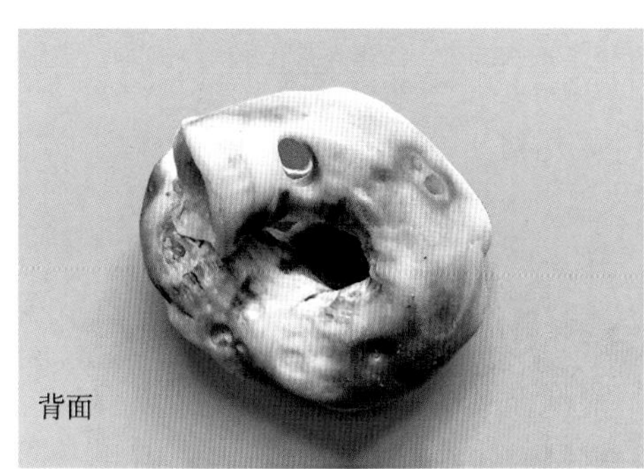

图 5－23　覆氏小蛇螺 *Thylacodes adamsii*

(15) 太阳衣笠螺 *Xenophora solarioides*（图 5－24）：隶属衣笠螺科 Xenophoridae、衣笠螺属 *Xenophora*。壳薄，低圆锥形。各螺层周缘有管状突起。壳口斜，外唇薄，内唇呈 U 形。脐孔深，脐孔四周有波纹状肋纹。壳面呈黄褐色。中国东海、南海有分布。

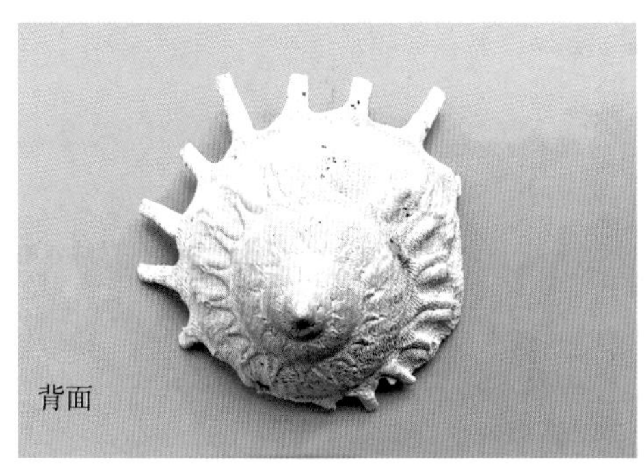

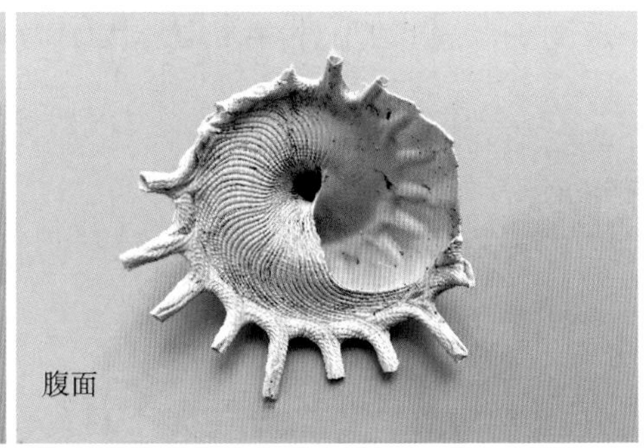

图 5－24　太阳衣笠螺 *Xenophora solarioides*

(16) 配景轮螺 *Architectonica perspectiva*（图 5－25）：隶属轮螺科 Architectonicidae、轮螺属 *Architectonica*。壳呈低圆锥形。壳面有褐色环带和白色螺肋。基部平坦，周缘有褐色斑点。壳口四方形。脐孔大而深，脐缘有 2 条螺肋。中国东海、南海有分布。

图 5-25 配景轮螺 *Architectonica perspectiva*

（17）海蜗牛 *Janthina janthina*（图 5-26）：隶属海蜗牛科 Janthinidae、海蜗牛属 *Janthina*。壳薄脆，略呈马蹄形。壳口近圆三角形，外唇薄，内唇稍扭曲。壳面呈淡紫色，壳基部稍平，深紫色，周缘有一钝的棱角。中国南海有分布。

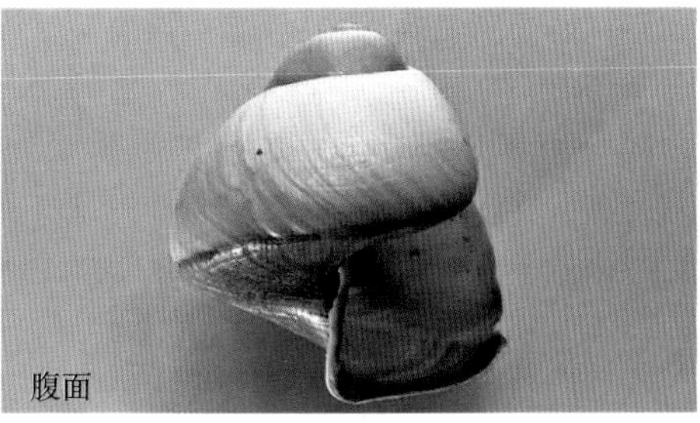

图 5-26 海蜗牛 *Janthina janthina*

3. 新腹足目（狭舌目）：神经系统非常集中，具一心耳、一肾、一栉鳃。齿舌狭窄，口吻发达，具外套和水管沟。齿式多为 1·1·1 或 0·1·0。

（1）方斑东风螺 *Babylonia areolata*（图 5-27）：隶属蛾螺科 Buccinidae、东风螺属 *Babylonia*。壳呈长卵圆形。壳口半圆形，内面白色。前沟呈

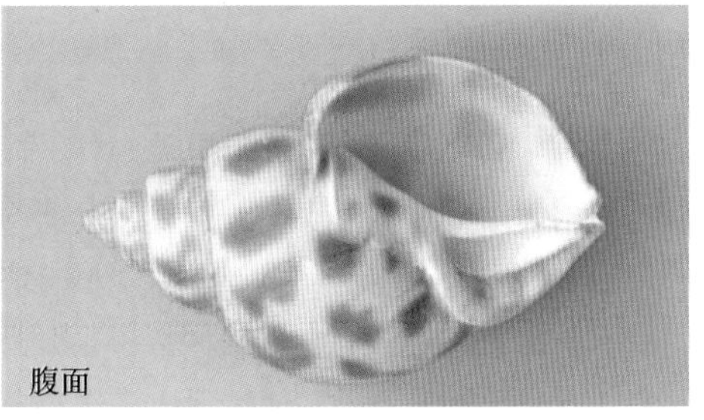

图 5-27 方斑东风螺 *Babylonia areolata*

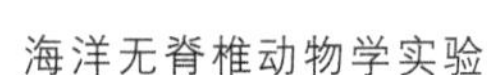

U 形，后沟缺刻状。脐孔半月形，大而深。壳面白色，具紫褐色斑块，外被黄褐色壳皮。中国东海、南海有分布。

（2）将军芋螺 *Conus generalis*（图 5－28）：隶属芋螺科 Conidae、芋螺属 *Conus*。壳呈低圆锥形，螺旋部上层突出。体螺层肩部呈棱角状。外唇薄，内唇斜直，前沟短。壳面具 2 条宽褐色环带，环带间有点线状褐色斑纹。中国东海、南海有分布。

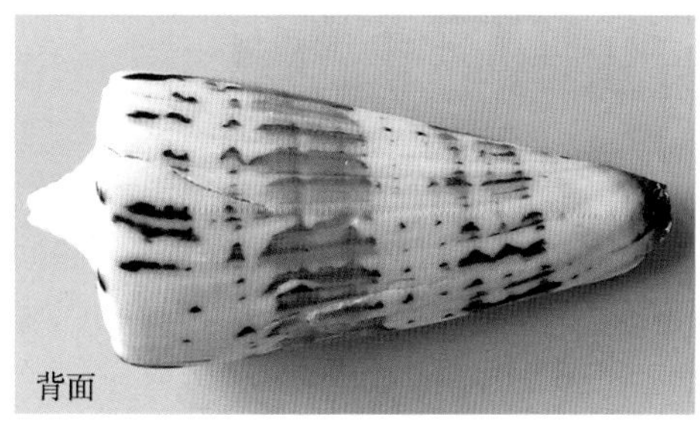

图 5－28　将军芋螺 *Conus generalis*

（3）织锦芋螺 *Conus textile*（图 5－29）：隶属芋螺科、芋螺属。壳呈纺锤形。壳口狭长，上窄、下宽，内面淡蓝色。外唇薄，内唇稍扭曲。壳面具黄褐色壳皮和褐色线纹构成的近三角形花纹。中国东海、南海有分布。

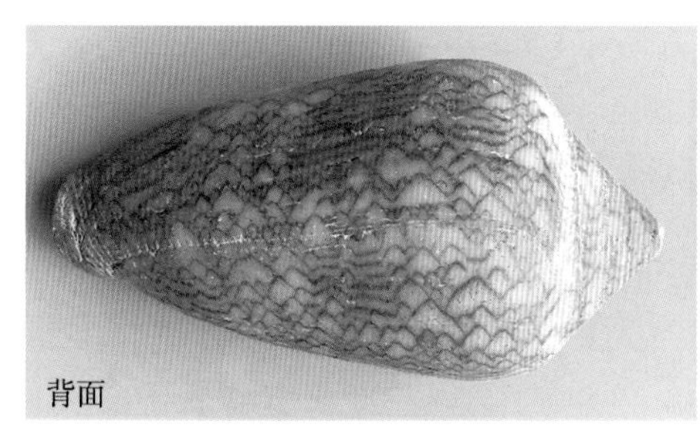

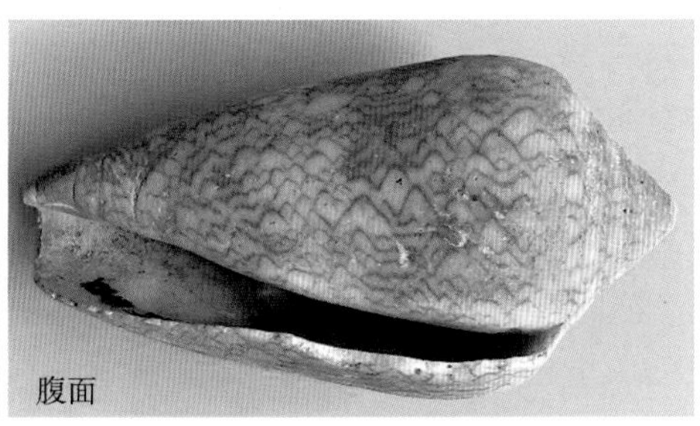

图 5－29　织锦芋螺 *Conus textile*

（4）竖琴螺 *Harpa major*（图 5－30）：隶属竖琴螺科 Harpidae、竖琴螺属 *Harpa*。壳卵圆形。体螺层纵肋约 13 条，形成角状肩部，肋间有淡褐色斑纹。体层中部有 1 列红紫色斑块。壳口外唇厚，内缘具细齿状缺刻。内唇有紫褐色斑块，外侧有一大纵肋。前沟宽短。中国南海有

图 5－30　竖琴螺 *Harpa major*

分布。

（5）管角螺 *Hemifusus tuba*（图 5－31）：隶属盔螺科 Melongenidae、角螺属 *Hemifusus*。壳呈纺锤状。螺层中部扩张形成肩角，具结节突起。壳口长大，上方扩张，下方收窄。前沟较长。壳面被黄褐色壳皮。中国东海、南海有分布。

图 5－31 管角螺 *Hemifusus tuba*

（6）中国笔螺 *Strigatella aurantia*（图 5－32）：隶属笔螺科 Mitridae、焰笔螺属 *Strigatella*。壳呈纺锤形。螺旋部高，约为壳高的 1/2。壳口狭窄，内面灰褐色。外唇薄，内唇中部有 3～4 条肋状褶襞。前沟宽短。壳表面被黑褐色壳皮。中国黄海、东海和南海均有分布。

图 5－32 中国笔螺 *Strigatella aurantia*

（7）浅缝骨螺 *Murex trapa*（图 5－33）：隶属骨螺科 Muricidae、骨螺属 *Murex*。壳略呈圆锥形，具细长前沟，螺旋部呈塔状。螺旋部纵肋中部有 1 枚尖刺，体螺层纵肋上具 3 枚长尖刺。壳口卵圆形，外唇边缘呈齿状缺刻，内唇平滑向外翻卷。前沟近管状，管壁后部有 3 列尖刺。中国东海、南海有分布。

图 5－33　浅缝骨螺 *Murex trapa*

（8）蛎敌荔枝螺 *Indothais gradata*（图 5－34）：隶属骨螺科、荔枝螺属 *Indothais*。壳呈菱形。壳口长卵圆形。外唇薄，具褶襞，内唇光滑。前沟短，后沟呈缺刻状。壳面黄白色，具紫褐色斑点或条纹。中国东海、南海有分布。

图 5－34　蛎敌荔枝螺 *Indothais gradata*

（9）节织纹螺 *Tritia reticulata*（图 5－35）：隶属织纹螺科 Nassariidae、织纹螺属 *Tritia*。壳呈长卵圆形，具发达的纵肋。壳口卵圆形。外唇厚，内缘有肋状齿。内唇外卷，具皱褶。前沟宽短呈 U 形，后沟小。壳面灰褐色或灰色。中国东海、南海有分布。

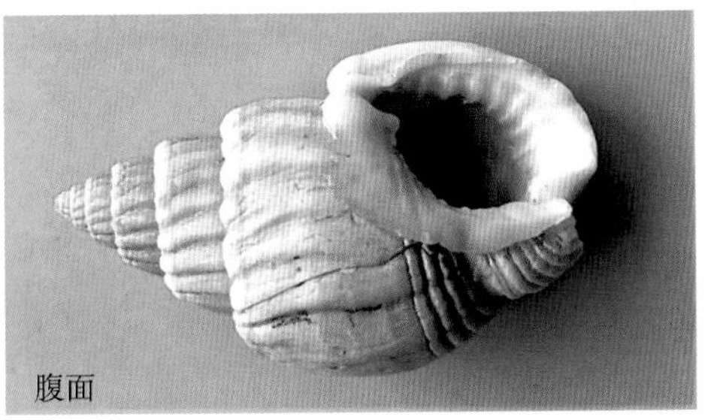

图 5－35　节织纹螺 *Tritia reticulata*

（10）红口榧螺 *Oliva miniacea*（图 5－36）：隶属榧螺科 Olividae、榧螺属 *Oliva*。壳呈圆筒状，体螺层有 3 条褐色环带。壳口狭长，内面肉色。外唇厚而直。内唇唇褶多而强，上方有一硬结。壳面光滑，呈黄色，有淡褐色斑纹。中国东海、南海有分布。

图 5－36　红口榧螺 *Oliva miniacea*

（11）瓜螺 *Melo melo*（图 5－37）：隶属涡螺科 Volutidae、瓜螺属 *Melo*。壳似西瓜。壳口大，卵圆形，内面橘黄色，极光滑。外唇薄，内唇扭曲，下部有 4 个褶襞。前沟宽短。壳面较光滑，橘黄色，具红褐色大斑块。中国东海、南海有分布。

图 5－37　瓜螺 *Melo melo*

（二）后鳃亚纲

栉鳃和心耳在心室后方，侧脏神经连索不成 8 形，外套腔消失，贝壳退化或无，一般无厣。多雌雄同体，全部海产。

1. 头楯目： 贝壳发达，具外壳或内壳，呈螺旋形。外套腔和侧足发达。具栉鳃、头盘。通常无触角和无厣。眼无柄。多生活于沙泥中。

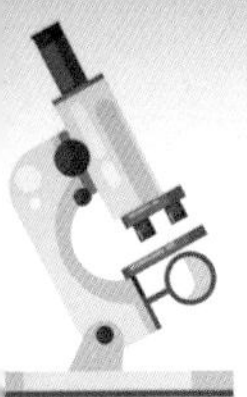

泥螺 *Bullacta caurina*（图 5－38）：隶属阿地螺科 Atyidae、泥螺属 *Bullacta*。壳薄脆，呈卵圆球形。螺旋部埋入体螺层内，壳顶中央具一浅凹。生长线明显。壳口上窄、基部扩张。壳面白色，被有黄褐色壳皮。中国沿海均有分布。

图 5－38　泥螺 *Bullacta caurina*

2. 无楯目：贝壳多退化为内壳或无壳，一般不呈螺旋形。侧足较大。无头盘，有 2 对触角。生活于潮间带或潮下带浅水区。

蓝斑背肛海兔 *Notarchus leachii cirrosus*（图 5－39）：隶属海兔科 Aplysiidae、背肛海兔属 *Notarchus*。体呈纺锤形，胴部膨胀。头触角大，呈管状。足前端截形，后端削尖。体背有触手状或树枝状突起。鲜活时，体呈黄褐或青绿色，背面有小黑点或大黑斑，背面、侧面有蓝色大眼斑。中国东海、南海有分布。

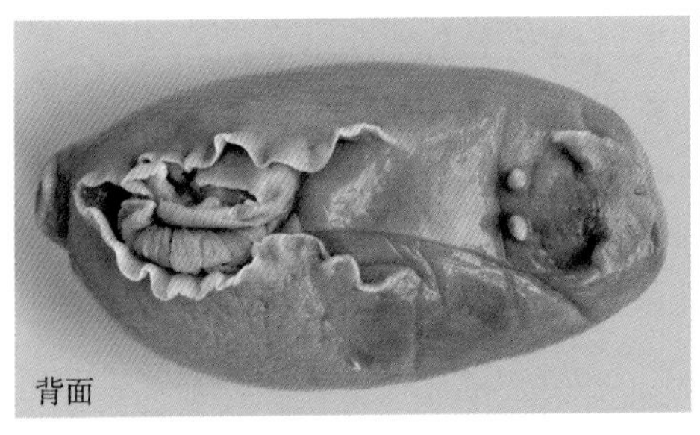

图 5－39　蓝斑背肛海兔 *Notarchus leachii cirrosus*

（三）肺螺亚纲

无鳃，外套膜变成肺，故名肺螺类。侧脏神经连索不交叉成 8 形。贝壳多右旋。雌雄同体。大多生活于陆地或淡水，少数产于海水。

1. 基眼目：具外壳，1 对触角，眼位于触角基部，无眼柄。

日本菊花螺 *Siphonaria japonica*（图5-40）：隶属菊花螺科 Siphonariidae、菊花螺属 *Siphonaria*。壳呈笠状。壳顶尖，位于中央偏后，壳顶向四周形成隆起的放射肋。壳内面有放射沟，周缘呈淡褐色。壳表粗糙，具黄褐色壳皮。中国沿海均有分布。

图5-40 日本菊花螺 *Siphonaria japonica*

2. 柄眼目：一般有内壳或退化，2对触角，眼位于后触角顶端。

石磺 *Onchidium verruculatum*（图5-41）：隶属石磺科 Onchidiidae、石磺属 *Onchidium*。体呈长椭圆形，浸制标本似半球形。无贝壳，头部有触角。外套膜微隆起，覆盖整个身体。背部灰黄色，有许多突起及背眼；腹面淡褐色。中国东海、南海有分布。

图5-41 石磺 *Onchidium verruculatum*

六、作业与思考

1. 绘出所观察的腹足纲动物，并根据实验过程和结果撰写实验报告。
2. 比较腹足纲三个亚纲的形态差异，掌握它们的形态划分依据。
3. 掌握前鳃亚纲各个目主要科的分类性状及其代表种的识别特征。
4. 通过实验思考腹足纲物种多样性与其适应性特征之间的关系？

实验 6

软体动物双壳类

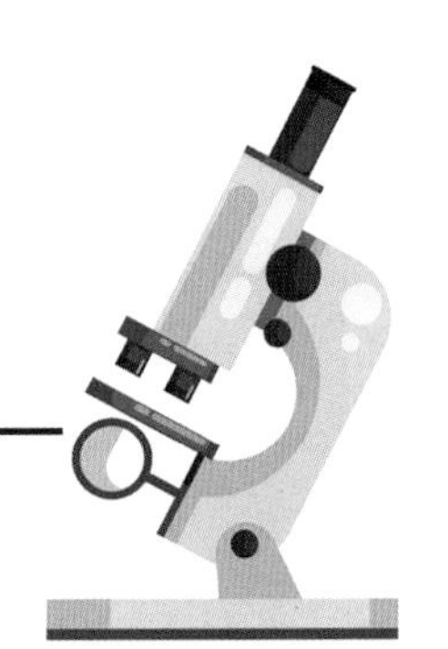

双壳纲 Bivalvia 贝壳常左右对称，外套腔内具有瓣状鳃，足为斧状，头部退化。大部分海产，少数生活在淡水中。多数营底内生活或附着生活。大多数雌雄异体，发育经过担轮幼虫和面盘幼虫。双壳类种类繁多，根据铰合齿、闭壳肌和鳃的构造可分为：隐齿亚纲 Cryptodonta、古多齿亚纲 Palaeotaxodonta、翼形亚纲 Pterimorphia、异齿亚纲 Heterodonta、异韧带亚纲 Anomalodesmata 5 个亚纲，许多种类具有重要的经济价值。

一、目的和要求

1. 掌握双壳类的形态特征，学会识别其主要经济科、属、种。
2. 通过实验了解双壳类多样性和适应性特征。

二、实验材料

1. 翼形亚纲的蚶目 Arcoida、贻贝目 Mytiloida、珍珠贝目 Pterioida 3 个目常见种的示范标本和新鲜标本。

2. 异齿亚纲的帘蛤目 Veneroida 和海螂目 Myoida 常见种的示范标本和新鲜标本。

3. 异韧带亚纲的笋螂目 Pholadomyoida 代表种的示范标本和浸制标本。

三、实验工具与试剂

解剖镜、放大镜，镊子，烧杯、培养皿、载玻片，吸水纸、擦镜纸、纱布，无水乙醇、生理盐水等。

四、实验方法

用解剖镜或放大镜观察双壳类标本的形态结构，包括壳形、壳顶、铰合部、主齿、侧齿、韧带、生长线、放射肋、闭壳肌、外套窦、壳内面及表面的颜色等构造。比较蚶目、珍珠贝目、帘蛤目的主要科及种的形态差异，拍照保存，做好实验记录。

五、实验内容

（一）翼形亚纲

壳呈卵圆形或长方形，壳后背部具翼状突出。一般具多个铰合齿，有时少或无。常具 2 个闭壳肌。壳内面白色，具珍珠光泽。鳃多为丝鳃型。多为海生，少数生活于淡水。

1. 蚶目：壳坚硬，呈卵圆形，两壳多对称。壳表具放射肋。铰合部直或弯，具一列铰合齿。鳃丝状。海产，多为可食用种类。

（1）魁蚶 *Anadara broughtonii*（图 6－1）：隶属蚶科 Arcoidae、粗饰蚶属 *Anadara*。壳呈卵圆形，左壳稍大于右壳。贝壳前端圆，后端斜截形。壳面具放射肋 42 条，壳内缘具强壮的齿状突起。壳面棕色，边缘黑棕色。中国沿海均产。

图 6－1 魁蚶 *Anadara broughtonii*

（2）毛蚶 *Anadara kagoshimensis*（图 6－2）：隶属蚶科、粗饰蚶属。壳呈长卵圆形。贝壳前端圆，后部大，近斜截形。壳顶突出，位于中央之前。壳面具放射肋 33～35 条。壳表面白色，被棕色毛状壳皮。中国沿海均产。

图 6-2　毛蚶 *Anadara kagoshimensis*

(3) 不等毛蚶 *Anadara inaequivalvis*（图 6-3）：隶属蚶科、粗饰蚶属。壳近方形，后缘近截状，左壳大于右壳。壳面具放射肋 31～34 条。左壳肋上具明显的念珠状结节，右壳肋细而光滑。壳表被棕色壳皮。中国东海、南海有分布。

图 6-3　不等毛蚶 *Anadara inaequivalvis*

(4) 泥蚶 *Tegillarca granosa*（图 6-4）：隶属蚶科、泥蚶属 *Tegillarca*。壳呈卵圆形，两壳相等。韧带面宽，呈菱形。壳面具粗壮放射肋 18～22 条，肋上结节明显。铰合部直，具细密齿。壳面白色，被褐色壳皮。中国沿海均产。

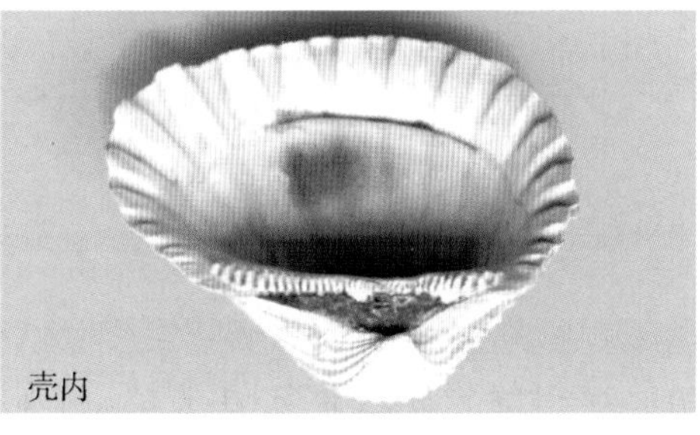

图 6-4　泥蚶 *Tegillarca granosa*

（5）粒帽蚶 *Cucullaea labiosa*（图 6－5）：隶属帽蚶科 Cucullaeidae、帽蚶属 *Cucullaea*。壳大型，两壳不等。壳前端小，中上部膨胀，后端大。铰合部中部齿细小，前后端齿呈片状。壳内面灰白色，顶部和后端呈紫褐色。中国东海、南海有分布。

图 6－5　粒帽蚶 *Cucullaea labiosa*

（6）衣蚶蜊 *Glycymeris aspersa*（图 6－6）：隶属蚶蜊科 Glycymerididae、蚶蜊属 *Glycymeris*。壳近圆三角形。壳顶小，位于背部中央。韧带面短小，有 A 形韧带沟。铰合部弧形，铰合齿约 20 枚。壳内面白色，背后端有棕色斑块。中国东海、南海有分布。

图 6－6　衣蚶蜊 *Glycymeris aspersa*

2. 贻贝目：壳呈三角形或卵圆形。两壳相等，壳皮发达。铰合齿退化。韧带细长。两闭壳肌前小、后大。鳃瓣状。足细长，足丝发达。多为海产。

（1）麦氏偏顶蛤 *Modiolus modulaides*（图 6－7）：隶属贻贝科 Mytiloidae、偏顶蛤属 *Modiolus*。壳质薄，近等腰三角形。壳顶近前端，壳表有一隆起肋，隆起肋背面具细长的黄毛，腹面光滑无毛。壳内面灰白色，背侧多呈蓝或紫褐色。中国沿海均有分布。

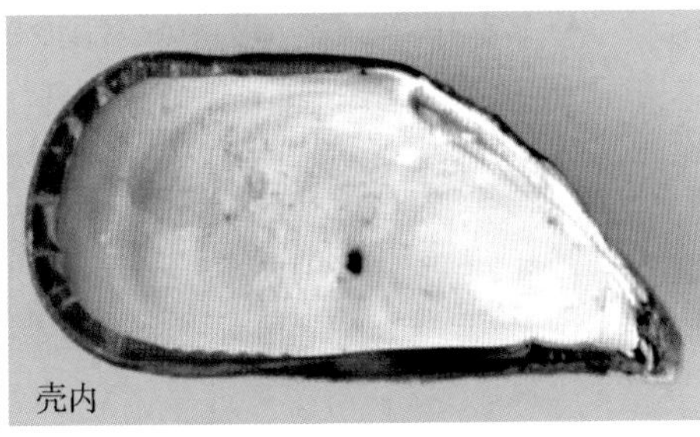

图 6-7　麦氏偏顶蛤 *Modiolus modulaides*

（2）翡翠贻贝 *Perna viridis*（图 6-8）：隶属贻贝科、股贻贝属 *Perna*。壳厚大，呈楔形，壳顶位于最前端。铰合齿左壳 2 枚、右壳 1 枚。无前闭壳肌，后闭壳肌痕明显，呈椭圆形。壳内面白瓷色，壳表翠绿色。中国东海、南海有分布。

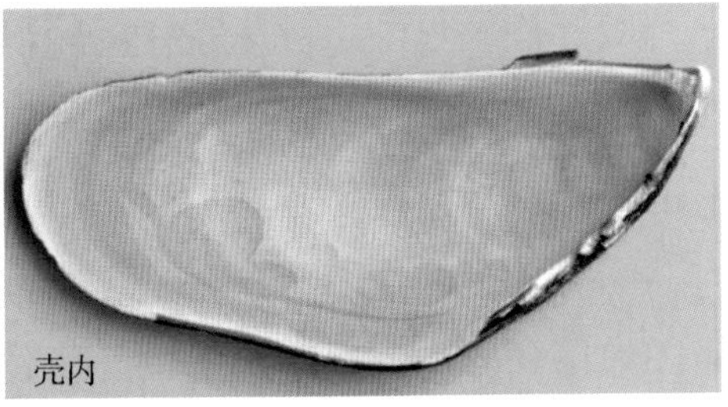

图 6-8　翡翠贻贝 *Perna viridis*

（3）栉江珧 *Atrina pectinata*（图 6-9）：隶属江珧科 Pinnidae、曲江珧蛤属 *Atrina*。壳大而质薄，三角形。壳顶尖，位于最前端。背缘直，与铰合部等长。前闭壳肌痕小，后闭壳肌痕大。壳表黄褐至黑褐色，放射肋 15～30 条，肋上有小棘。中国沿海均产。

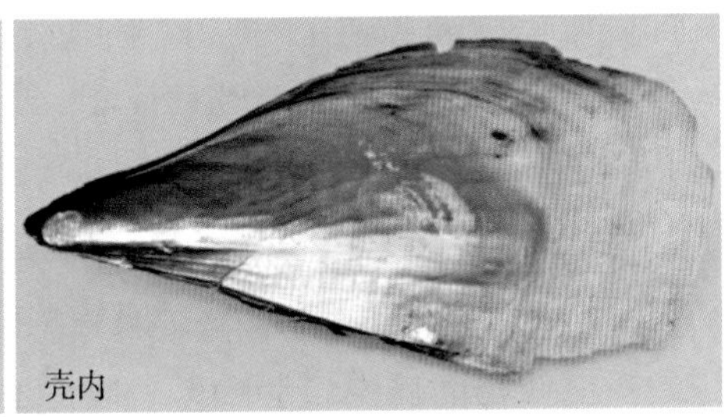

图 6-9　栉江珧 *Atrina pectinata*

3. 珍珠贝目：贝壳厚，两壳多不等。壳内面珍珠层厚，具珍珠光泽。壳顶有前后耳。壳表有的具鳞片或放射肋。铰合部无齿或少数齿。韧带长，足丝发达。只有后闭壳肌。

（1）马氏珠母贝 *Pinctada imbricata*（图 6－10）：隶属珍珠贝科 Pteriidae、珠母贝属 *Pinctada*。壳背缘平直，腹缘圆。前耳小、后耳大。壳内面中部珍珠层厚、光泽强，边缘淡黄色。壳表淡黄色，生长线呈片状。本种是产珍珠的主要品种，中国东海、南海有分布。

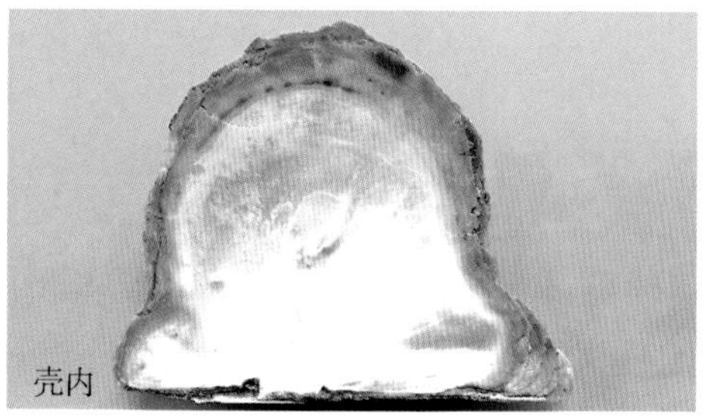

图 6－10 马氏珠母贝 *Pinctada imbricata*

（2）细肋钳蛤 *Isognomon perna*（图 6－11）：隶属钳蛤科 Isognomonidae、钳蛤属 *Isognomon*。壳形不规则，多呈扁长方形。左壳大而稍凸，右壳小而平。铰合部有 6～8 条平行的韧带沟。壳表土黄色，放射肋黄褐色。中国东海、南海有分布。

图 6－11 细肋钳蛤 *Isognomon perna*

（3）长肋日月贝 *Amusium pleuronectes*（图 6－12）：隶属扇贝科 Pectinidae、日月贝属 *Amusium*。壳薄，近圆形。壳表光滑。左壳表呈浅红褐色，壳内白略带浅红色，具放射肋 21～29 条。右壳白色，内有放射肋 22～29 条。铰合线直。中国东海、南海有分布。

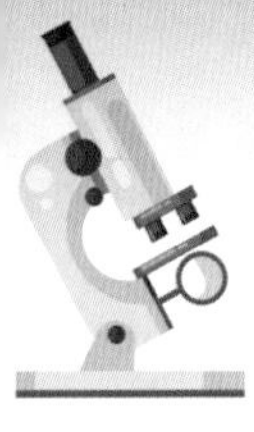

图 6-12 长肋日月贝 *Amusium pleuronectes*

(4) 华贵栉孔扇贝 *Mimachlamys crassicostata*（图 6-13）：隶属扇贝科、栉孔扇贝属 *Mimachlamys*。壳近圆形，左壳较右壳稍凸。壳表有粗壮放射肋约 23 条。左壳前、后耳近三角形，有细肋 7～8 条。右壳前耳下方有足丝孔，孔具栉齿。铰合部直。壳表颜色多变。本种是制干贝的优良品种，中国东海、南海有产。

图 6-13 华贵栉孔扇贝 *Mimachlamys crassicostata*

(5) 棘刺海菊蛤 *Spondylus nicobaricus*（图 6-14）：隶属海菊蛤科 Spondylidae、海菊蛤属 *Spondylus*。壳较厚，多呈方圆或椭圆形。壳顶前耳

图 6-14 棘刺海菊蛤 *Spondylus nicobaricus*

稍大。壳表放射肋细，肋上具棘。铰合部有 2 枚粗壮主齿。壳表呈紫褐色，壳内面灰白色。中国东海、南海有分布。

（6）襞蛤 *Plicatula plicata*（图 6－15）：隶属襞蛤科 Plicatulidae、襞蛤属 *Plicatula*。壳略近卵圆形。左壳背部稍凸而光滑，右壳背部较平。壳表灰褐色，有粗放射肋约 10 条，壳内面白色。铰合齿 2 枚，齿间有三角形的内韧带。中国南海有产。

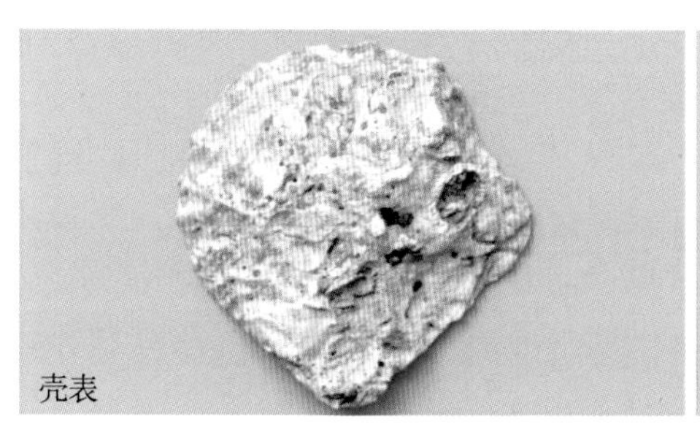

图 6－15 襞蛤 *Plicatula plicata*

（7）盾形不等蛤 *Anomia cytaeum*（图 6－16）：隶属不等蛤科 Anomiidae、不等蛤属 *Anomia*。壳近圆形，左壳大而稍凸，右壳较小而平。壳表金黄色，具光泽。壳顶位于背缘中央，放射肋呈褶皱状。铰合部狭窄。内韧带呈棕褐色。中国沿海均产。

图 6－16 盾形不等蛤 *Anomia cytaeum*

（8）海月 *Placuna placenta*（图 6－17）：隶属海月蛤科 Placunidae、海月属 *Placuna*。壳圆形。壳表放射肋和生长线细密，近腹缘处略呈鳞片状。右、左壳分别有呈 A 形的铰合齿和凹沟。壳表银白色，壳内面白色，具云母光泽。中国东海、南海有分布。

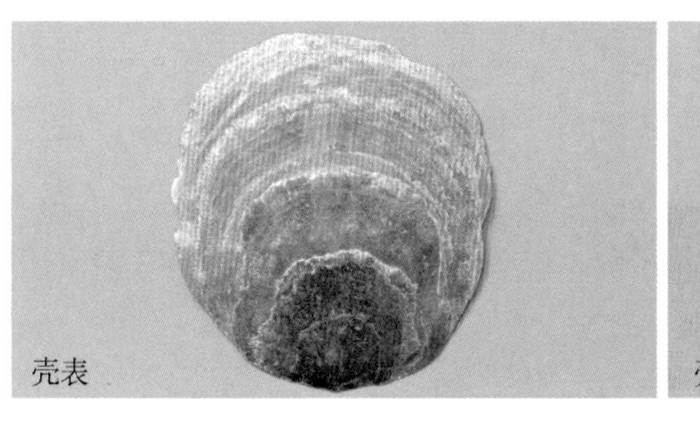

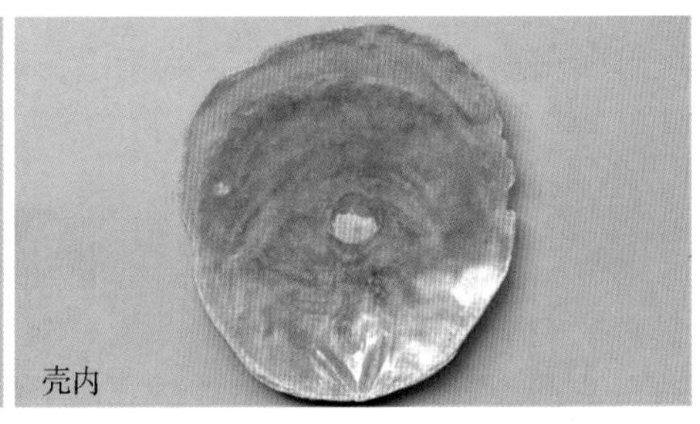

图 6-17　海月 *Placuna placenta*

（9）近江牡蛎 *Magallana rivularis*（图 6-18）：隶属牡蛎科 Ostreidae、*Magallana* 属。壳常呈卵圆形或长形。左壳厚大且凸出，右壳扁平。壳表环生鳞片，无放射肋。韧带呈牛角状，紫黑色。闭壳肌痕肾形。壳表淡紫色，壳内面白色。本种肉味鲜美，营养丰富，是重要的经济贝类，也是贝类养殖的主要对象，中国沿海均产。

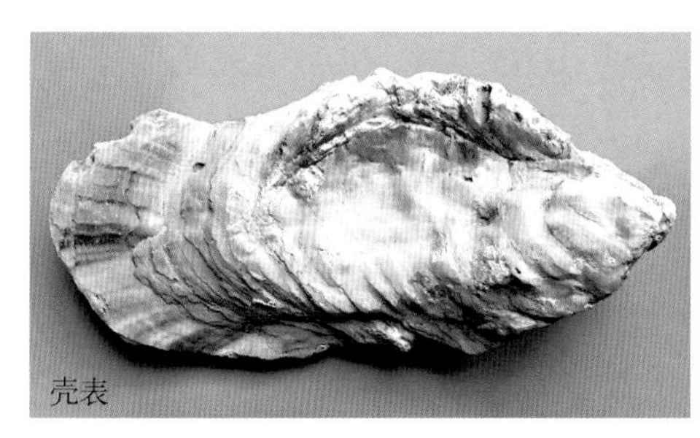

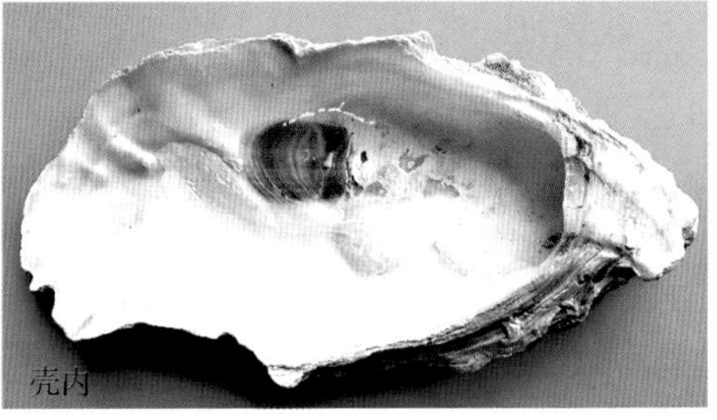

图 6-18　近江牡蛎 *Magallana rivularis*

（二）异齿亚纲

左右壳常相等，内壳无珍珠层。铰合齿为异齿型、厚齿型，或退化。外韧带位于壳顶后方，少数具内韧带。有前、后闭壳肌。具真瓣鳃。海生种为主，少数淡水种，营掘穴、钻孔或以壳体固着生活。

1. 帘蛤目：壳体大小、外形、厚薄多样。铰合部发达，式样多变。铰合齿少或无。鳃构造复杂，有进出水管。本目是双壳类中种数最多也是最多样化的一个类群。

（1）强棘脊鸟蛤 *Ctenocardia virgo*（图 6-19）：隶属鸟蛤科 Cardiidae、脊鸟蛤属 *Ctenocardia*。壳坚厚，前端呈弧形，后端截形。壳面有放射肋 19

条，具半管状的棘。铰合部主齿 2 枚，侧齿发达。壳表、内面均白色，边缘具锯齿状缺刻。中国南海有产。

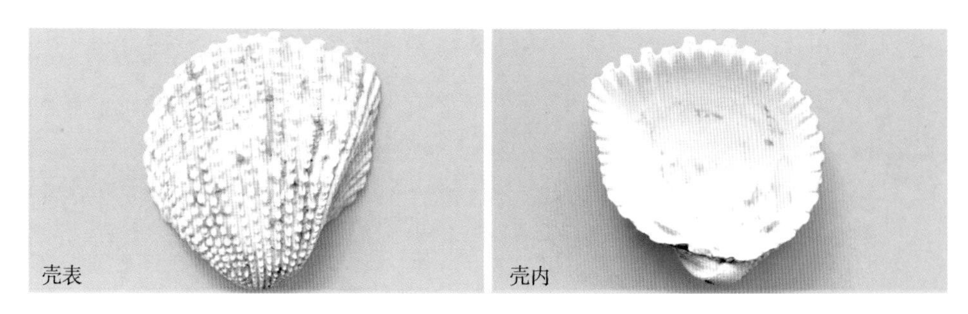

图 6－19　强棘脊鸟蛤 *Ctenocardia virgo*

（2）亚洲鸟蛤 *Vepricardium asiaticum*（图 6－20）：隶属鸟蛤科、棘刺鸟蛤属 *Vepricardium*。壳较薄，圆而膨胀。壳表放射肋约 37 条。铰合部主齿 2 枚，有侧齿。壳表、内面均白色，壳缘有锯齿状缺刻。中国东海、南海有分布。

图 6－20　亚洲鸟蛤 *Vepricardium asiaticum*

（3）畸心蛤 *Anomalocardia flexuosa*（图 6－21）：隶属帘蛤科 Veneridae、畸心蛤属 *Anomalocardia*。壳前腹缘圆，后腹缘尖瘦。生长线粗而密，与放射肋相交呈颗粒状。铰合部有主齿 3 枚，无侧齿。壳表黄棕色，壳内面黄白色。中国东海、南海有分布。

（4）美女蛤 *Gafrarium divaricatum*（图 6－22）：隶属帘蛤科、加夫蛤属 *Gafrarium*。壳呈三角卵圆形，壳顶扁平。生长线显著，放射肋细，两者相交成粒状突起。铰合部有主齿 3 枚，前侧齿 1～2 枚。壳表黄褐色，壳内面白色。中国东海、南海有产。

图 6-21　畸心蛤 *Anomalocardia flexuosa*

图 6-22　美女蛤 *Gafrarium divaricatum*

（5）鳞杓拿蛤 *Anomalodiscus squamosus*（图 6-23）：隶属帘蛤科、杓拿蛤属 *Anomalodiscus*。壳前腹缘圆，有粗齿突；后端尖瘦，呈杓状。生长线细弱，与粗放射肋交织形成颗粒状或鳞片状。壳表棕黄色，壳内面白色。中国东海、南海有分布。

图 6-23　鳞杓拿蛤 *Anomalodiscus squamosus*

（6）薄片镜蛤 *Dosinia laminata*（图 6-24）：隶属帘蛤科、镜蛤属 *Dosinia*。壳较薄，似方圆形。生长线细密而平。铰合部有主齿 3 枚，前侧齿退化。前、后闭壳肌痕和外套痕明显。壳表、内面呈白色或肉灰色。中国东海、南海有分布。

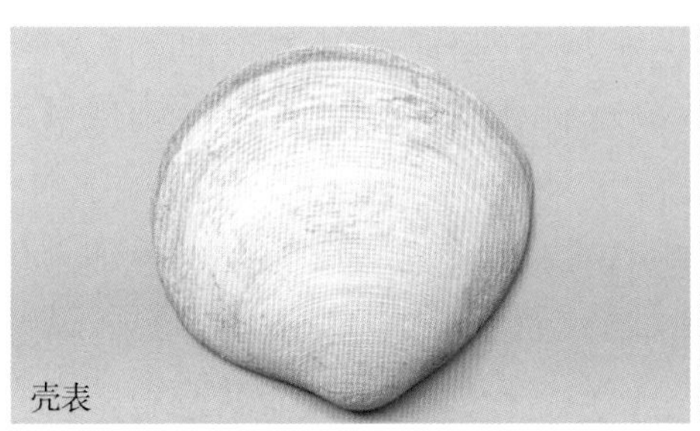

图 6-24　薄片镜蛤 *Dosinia laminata*

（7）等边浅蛤 *Macridiscus aequilatera*（图 6－25）：隶属帘蛤科、浅蛤属 *Macridiscus*。壳似等边三角形，壳顶位于背缘中央。铰合部有主齿 3 枚，中央主齿两分叉。壳表具锯齿状或斑点状花纹和放射状色带，壳内面白色。中国沿海均产。

图 6－25　等边浅蛤 *Macridiscus aequilatera*

（8）琴文蛤 *Meretrix lyrata*（图 6－26）：隶属帘蛤科、文蛤属 *Meretrix*。壳呈三角卵圆形，前腹缘圆，后端尖。小月面呈矛头状。铰合部主齿 3 枚，前侧齿 1～2 枚。壳表灰黄色，壳内面白色，后背缘呈紫褐色。中国东海、南海有分布。

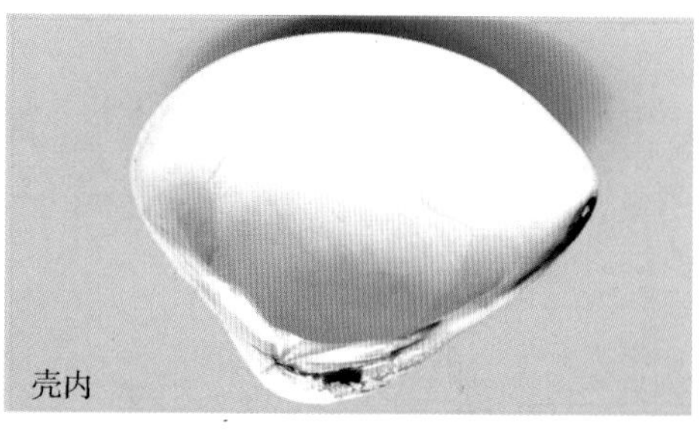

图 6－26　琴文蛤 *Meretrix lyrata*

（9）文蛤 *Meretrix meretrix*（图 6－27）：隶属帘蛤科、文蛤属。壳呈三角卵圆形。壳顶位于背缘中央偏前，小月面呈长楔形。铰合部主齿 3 枚，前侧齿 1～2 枚。壳表平滑，具黄褐色壳皮和褐色花纹，壳内白色。文蛤肉味鲜美，为蛤中上品，中国沿海均产。

（10）波纹巴非蛤 *Paratapes undulatus*（图 6－28）：隶属帘蛤科、巴非蛤属 *Paratapes*。壳呈长扁卵圆形。生长线细密，壳表中部斜行线纹，无放射肋。铰合部主齿 3 枚。壳表呈黄棕色或浅紫色，具紫色波纹。壳内为白色或略呈紫色。中国东海、南海有产。

图 6－27　文蛤 *Meretrix meretrix*

图 6－28　波纹巴菲蛤 *Paratapes undulatus*

（11）菲律宾蛤仔 *Ruditapes philippinarum*（图 6－29）：隶属帘蛤科、花帘蛤属 *Ruditapes*。壳呈卵圆形，前缘圆弧形，后缘略呈截状。放射肋细密。铰合部主齿 3 枚。出、入水管长，基部愈合。壳表灰黄或灰白色，花纹多样，壳内灰白色。中国沿海均产。

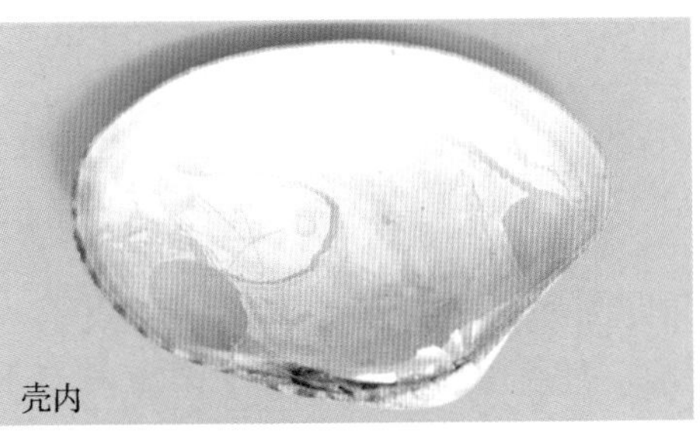

图 6－29　菲律宾蛤仔 *Ruditapes philippinarum*

（12）缀锦蛤 *Tapes literatus*（图 6－30）：隶属帘蛤科、缀锦蛤属 *Tapes*。壳呈长斜方形。铰合部主齿 3 枚，中央主齿两分叉。前、后闭壳肌痕近卵圆形。外套窦深，呈舌状。壳表黄白色或棕黄色，具栗色锯齿状花纹。中国南海有分布。

图 6-30 缀锦蛤 *Tapes literatus*

（13）西施舌 *Mactra antiquata*（图 6-31）：隶属蛤蜊科 Mactridae、蛤蜊属 *Mactra*。壳大而薄，近三角形。生长线细密。铰合部宽，左壳主齿 1 枚呈两分叉，右壳主齿 2 枚呈"八"字形。前、后侧齿发达。壳表被黄褐色壳皮，壳内面呈淡紫色。中国沿海均产。

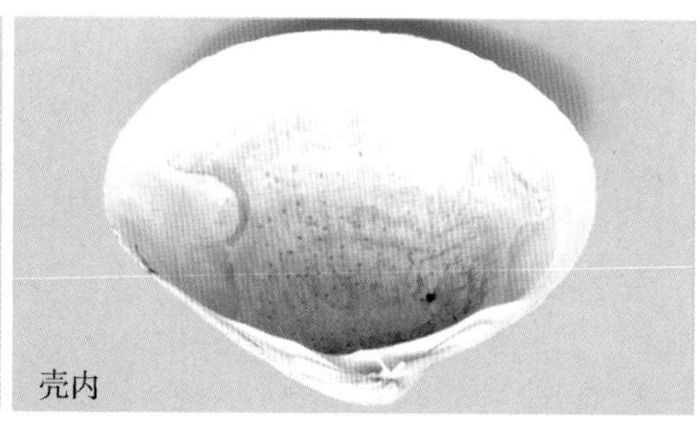

图 6-31 西施舌 *Mactra antiquata*

（14）四角蛤蜊 *Mactra quadrangularis*（图 6-32）：隶属蛤蜊科、蛤蜊

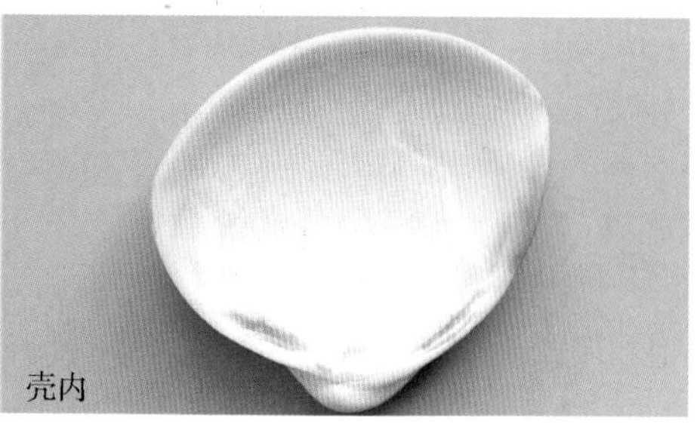

图 6-32 四角蛤蜊 *Mactra quadrangularis*

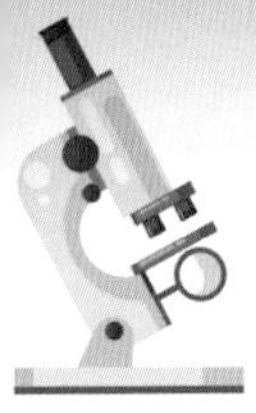

属。壳较厚，略呈四边形。小月面与楯面大，界线分明。前、后闭壳肌痕明显。壳表呈灰紫色，壳内面白色，壳腹缘黄褐色。中国沿海均有分布。

（15）影红明樱蛤 *Jitlada culter*（图 6－33）：隶属樱蛤科 Tellinidae、吉樱蛤属 *Jitlada*。壳小，呈三角卵圆形，腹缘弧形，后端较尖。铰合部窄，有主齿 2 枚，仅右壳有弱侧齿。壳表有白、黄、粉红等色，具光泽。壳内面白色或粉红色。中国沿海均有分布。

图 6－33　影红明樱蛤 *Jitlada culter*

（16）尖紫蛤 *Hiatula acuta*（图 6－34）：隶属紫云蛤科 Psammobiidae、尖紫蛤属 *Hiatula*。壳呈长卵圆形，前缘圆，腹缘弧形，前中部微凹。铰合部主齿 2 枚。壳表被有褐色壳皮，生长线明显，在腹、后侧常形成褶襞。壳内面呈紫灰色。中国东海、南海有分布。

图 6－34　尖紫蛤 *Hiatula acuta*

（17）红树蚬 *Geloina coaxans*（图 6－35）：隶属蚬科 Corbiculidae、红树蚬属 *Geloina*。壳呈三角卵圆形，壳顶突出，稍前倾。铰合部具主齿 3 枚，分叉。壳表被有黑褐色壳皮，壳内面白色。中国东海、南海有分布。

（18）中国绿螂 *Glauconome chinensis*（图 6－36）：隶属绿螂科 Glauconomidae、绿螂属 *Glauconome*。壳长卵圆形，前缘宽圆，后端窄尖，腹缘

图 6－35　红树蚬 *Geloina coaxans*

平直。生长线明显，在腹侧呈皱褶状。铰合部具主齿 3 枚。壳面被有绿色壳皮，壳内面白色。中国东海、南海有产。

图 6－36　中国绿螂 *Glauconome chinensis*

（19）敦氏猿头蛤 *Chama dunkeri*（图 6－37）：隶属猿头蛤科 Chamidae、猿头蛤属 *Chama*。壳质坚厚，卵圆形。左壳大，弓状弯曲；右壳小，微凸。铰合部左壳具一粗壮主齿。韧带棕褐色。壳表黄褐色，壳内面白色。腹缘紫褐色，壳缘有齿状缺刻。中国南海有产。

图 6－37　敦氏猿头蛤 *Chama dunkeri*

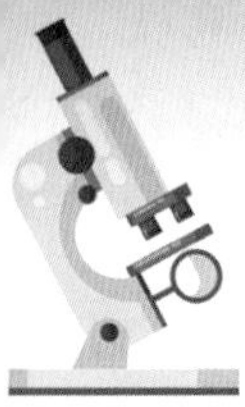

（20）总角截蛏 *Solecurtus divaricatus*（图 6－38）：隶属截蛏科 Solecurtidae、截蛏属 *Solecurtus*。壳坚厚，近长方形，后缘略呈截形。生长线明显，放射肋呈覆瓦状排列。铰合部主齿 2 枚。壳表白色微带粉红色，被有淡黄色壳皮。中国沿海均产。

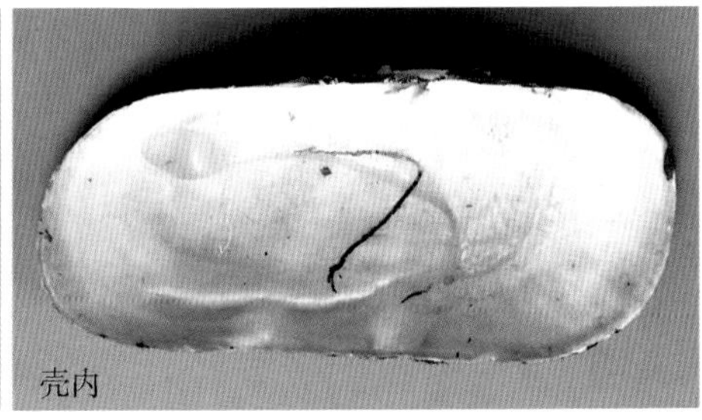

图 6－38　总角截蛏 *Solecurtus divaricatus*

（21）大竹蛏 *Solen grandis*（图 6－39）：隶属竹蛏科 Solenidae、竹蛏属 *Solen*。壳呈长柱状，壳长为壳高的 4～5 倍。前缘斜截形，后缘圆。铰合部主齿 1 枚。壳表凸出、光滑，呈淡紫红色。壳内面淡粉红色。中国沿海均有分布。

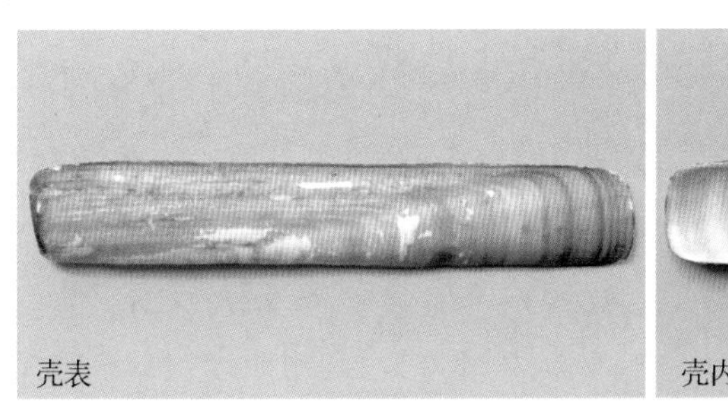

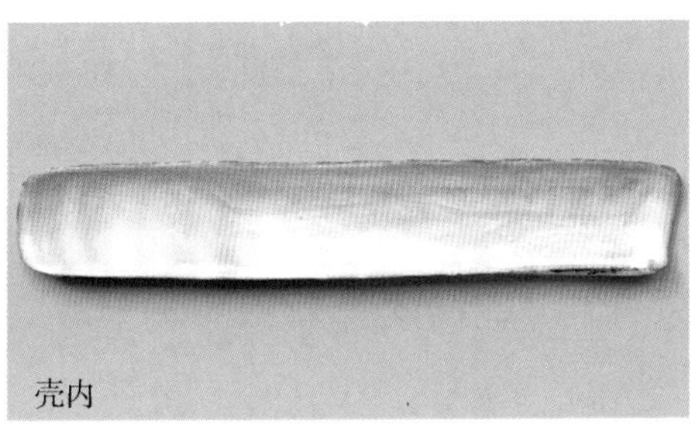

图 6－39　大竹蛏 *Solen grandis*

（22）小刀蛏 *Cultellus attenuatus*（图 6－40）：隶属刀蛏科 Cultellidae、刀蛏属 *Cultellus*。壳薄，似剖刀形。两壳侧扁，前端大于后端。铰合部左、右壳各具主齿 2 枚，左壳后主齿两分叉。壳表白色，被有黄绿色壳皮，壳内面白色。中国沿海均有分布。

（23）尖刀蛏 *Cultellus subellipticus*（图 6－41）：隶属刀蛏科、刀蛏属。壳薄，呈剖刀形。两壳侧扁，前端小于后端，腹缘中部稍凹。铰合部左、右壳各具主齿 2 枚，左壳后主齿两分叉。壳表灰白色，被有褐黄色壳皮，壳内面灰白色。中国东海、南海有分布。

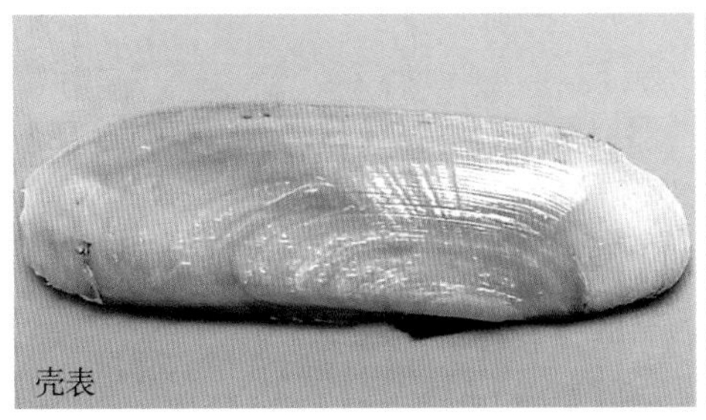

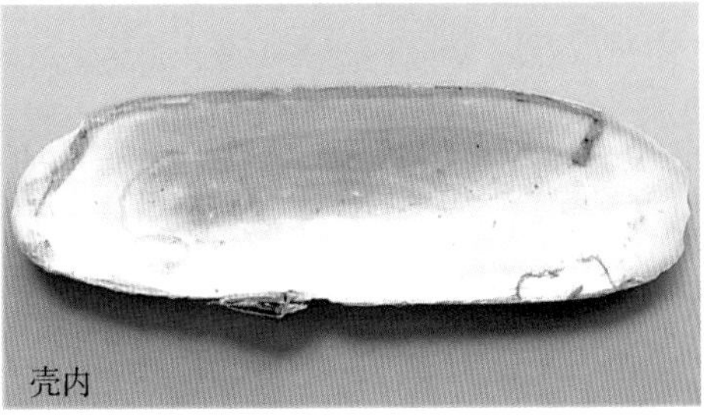

图 6-40　小刀蛏 *Cultellus attenuatus*

图 6-41　尖刀蛏 *Cultellus subellipticus*

2. 海螂目： 两壳相等或不等。小月面和楯面无或不发达。铰合齿有或无。前闭壳肌退化。水管发达。营掘孔埋栖生活。

（1）*砂海螂 Mya arenaria*.（图 6-42）：隶属海螂科 Myoidae、海螂属 *Mya*。壳大而厚，长卵圆形。壳面粗糙，生长纹细密，无放射肋。左壳有一匙状薄片，右壳有一卵圆形凹陷。水管极长。壳面被黄褐色壳皮，壳内呈白色。中国黄海、东海和南海均有分布。

图 6-42　砂海螂 *Mya arenaria*

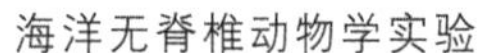

（2）红肉河篮蛤 *Potamocorbula rubromuscula*（图 6－43）：隶属篮蛤科 Corbulidae、河篮蛤属 *Potamocorbula*。壳呈长卵圆形，左壳较右壳小。左右壳主齿各 1 枚，呈紫红色。壳表灰白色，被有黄褐色壳皮，壳内面灰白色。中国东海、南海有分布。

图 6－43　红肉河篮蛤 *Potamocorbula rubromuscula*

（3）卵形开腹蛤 *Gastrochaena ovata*（图 6－44）：隶属开腹蛤科 Gastrochaenidae、开腹蛤属 *Gastrochaena*。壳小质薄，似卵圆形。前端短而尖，后端长圆。壳被有茧状分节的石灰质副壳。前闭壳肌痕似圆形，后闭壳肌痕大、呈梨形。中国南海有分布。

图 6－44　卵形开腹蛤 *Gastrochaena ovata*

（三）异韧带亚纲

壳中小型，两壳常不等。内壳常具珍珠光泽。铰合齿细弱或无。有内、外韧带，韧带常具有石灰质小片。

南海鸭嘴蛤 *Laternula nanhaiensis*（图 6－45）：隶属笋螂目、鸭嘴蛤科 Laternulidae、鸭嘴蛤属 *Laternula*。壳质稍厚，左壳稍大于右壳。两壳顶连接处各具一横裂。铰合部槽前紧接 Y 形石灰质韧带片，槽后与一斜行肋片相连。壳表灰白色，周缘呈铁锈色，壳内有珍珠光泽。中国南海有分布。

图 6-45 南海鸭嘴蛤 *Laternula nanhaiensis*

六、作业与思考

1. 绘出所观察的双壳纲主要常见种，并根据实验过程和结果撰写实验报告。

2. 比较所观察的双壳纲三个亚纲的形态特征，掌握它们的划分依据。

3. 掌握翼形亚纲和异齿亚纲各个目主要科的分类性状及其代表种的识别特征。

4. 思考双壳纲物种多样性与其适应性特征之间的关系？

实验 7

软体动物头足类

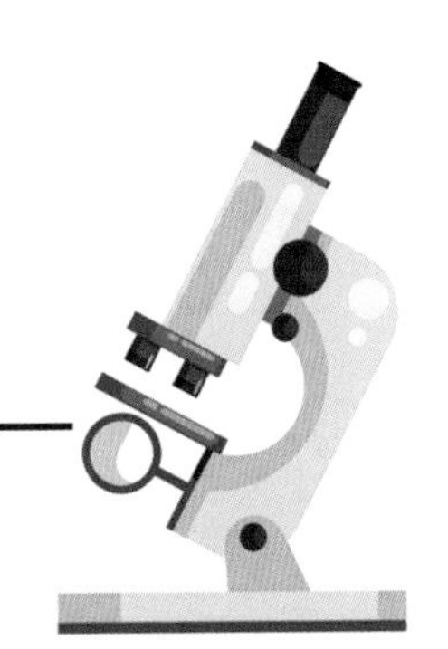

头足纲 Cephalopoda 身体包括头部、足部和躯干部，因其头前部具足而得名。贝壳多退化或成为内壳。神经系统高度集中，脑和眼发达，足分化为腕和漏斗，口内有颚片和齿舌。头足类全部海产，是重要的海洋渔业资源。依据贝壳、鳃、腕的数目及形状，头足纲分为鹦鹉螺亚纲 Nautiloidea 和蛸亚纲 Coleoidea。其中，鹦鹉螺亚纲仅有鹦鹉螺属 *Nautilus*，蛸亚纲包括枪形目 Teuthoidea、乌贼目 Sepioidea、八腕目 Octopoda 3 个目，占头足类的绝大多数。

一、目的和要求

1. 掌握蛸亚纲的分类系统和分类基本方法，以及主要经济科、属、种的鉴定。

2. 通过实验了解头足类多样性和适应性特征。

二、实验材料

枪形目的柔鱼科 Ommastrephidae、枪乌贼科 Loliginidae，乌贼目的乌贼科 Sepiidae、耳乌贼科 Sepiolidae，八腕目的蛸科 Octopodidae、水孔蛸科 Tremoctopodidae、船蛸科 Argonautidae 等常见种的浸制标本和示范标本。

三、实验工具与试剂

解剖镜、放大镜，镊子，烧杯、培养皿、载玻片，吸水纸、擦镜纸、纱布，无水乙醇、生理盐水等。

四、实验方法

用解剖镜或放大镜观察蛸亚纲标本的形态特征，包括腕、漏斗、吸盘、角质环齿、齿舌、颚片、内壳、外套膜等构造。比较蛸亚纲三个目的主要经济科及种的形态差异，拍照保存，做好实验记录。

五、实验内容

1. 枪形目：体长纺锤形，呈枪形。肉鳍常为端鳍型。腕 10 只，腕吸盘多为 2 行。触腕穗吸盘多为 4 行。角质环小齿发达。内壳退化为角质。

（1）鸢乌贼 *Sthenoteuthis oualaniensis*（图 7－1）：隶属柔鱼科、强力乌贼属 *Sthenoteuthis*。胴部圆锥形，胴长约为胴宽的 4 倍。体表具大小相间的近圆小型色素斑。头部左右两侧和无柄腕中央呈紫褐色。胴背中央的紫褐色宽带延伸到肉鳍后端。本种为暖水性大洋性种类，有较高的营养价值和保健作用。中国东海、南海有分布。

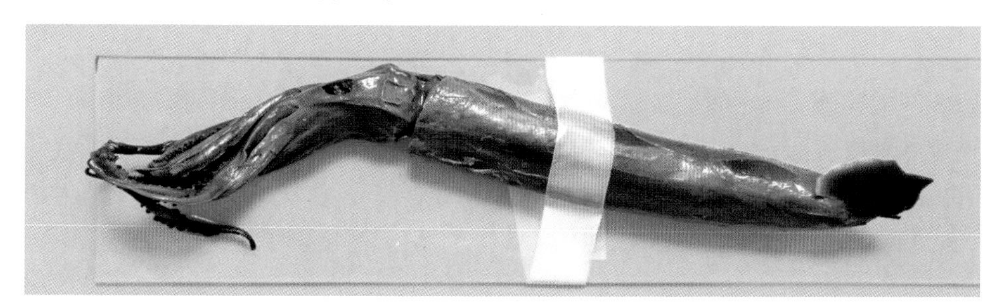

图 7－1　鸢乌贼 *Sthenoteuthis oualaniensis*

（2）太平洋褶柔鱼 *Todarodes pacificus*（图 7－2）：隶属柔鱼科、褶柔鱼属 *Todarodes*。胴部圆锥形，后部明显瘦凹，胴长为胴宽的 4～5 倍。肉

图 7－2　太平洋褶柔鱼 *Todarodes pacificus*

鳍长约为胴长的 1/3。两鳍相接略呈横菱形。中国黄海、东海和南海均有产。

（3）杜氏枪乌贼 *Uroteuthis duvaucelii*（图 7-3）：隶属枪乌贼科、尾枪乌贼属 *Uroteuthis*。胴部圆锥形，后部削直。两鳍相接略呈纵菱形。体表具大小相间的近圆形色素斑。内壳角质，呈针叶形。中国东海、南海有分布。

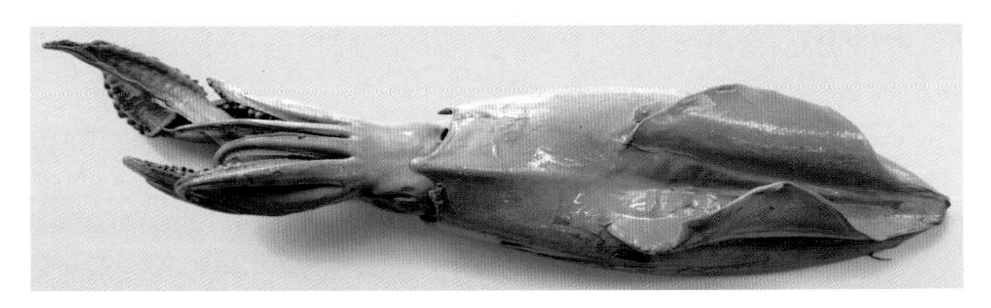

图 7-3　杜氏枪乌贼 *Uroteuthis duvaucelii*

（4）中国枪乌贼 *Uroteuthis chinensis*（图 7-4）：隶属枪乌贼科、尾枪乌贼属。体圆锥形，细长。胴长约为胴宽的 7 倍。鳍长约为胴长的 2/3。腕吸盘和触腕穗吸盘角质环均具尖齿。鲜活时体表具大小相间的近圆形色素斑。中国东海、南海有分布。

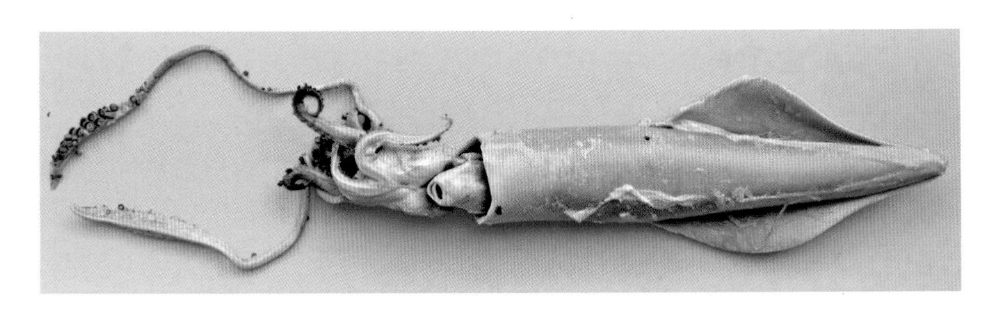

图 7-4　中国枪乌贼 *Uroteuthis chinensis*

（5）火枪乌贼 *Loliolus beka*（图 7-5）：隶属枪乌贼科、拟枪乌贼属 *Loliolus*。个体小，胴部圆锥形，后部削直，末端钝。胴长约为胴宽的 4 倍。腕吸盘角质环具 4～5 个宽板齿。体表具大小相间的近圆形色素体，分布较分散。中国沿海均产。

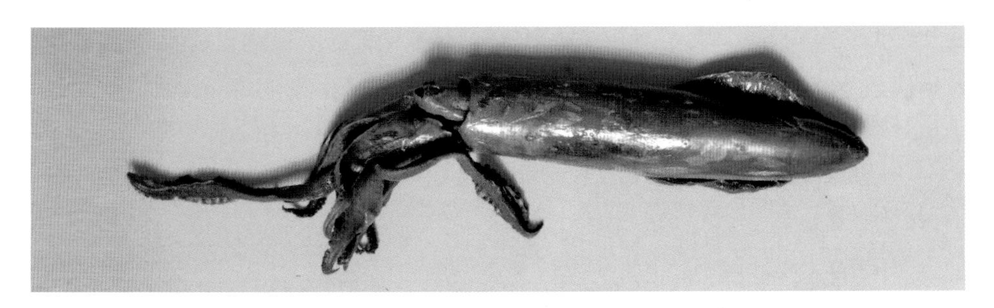

图 7-5　火枪乌贼 *Loliolus beka*

(6) 日本枪乌贼 *Loliolus japonica*（图 7-6）：隶属枪乌贼科、拟枪乌贼属。体圆锥形，粗壮。胴长约为胴宽的 4 倍。触腕超过胴长。眼背部具浓密的紫色斑点。鲜活时体表具大小相间的近圆形色素斑。本种营养价值较高，含有丰富的蛋白质和必需氨基酸。中国渤海、黄海和东海均有分布。

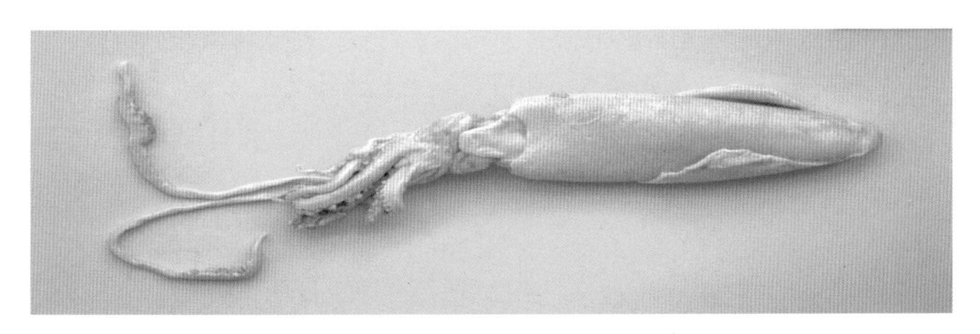

图 7-6　日本枪乌贼 *Loliolus japonica*

(7) 神户枪乌贼 *Loliolus sumatrensis*（图 7-7）：隶属枪乌贼科、拟枪乌贼属。体圆锥形，后部削直。胴长约为胴宽的 4 倍。鳍长约为胴长的 1/2。腕吸盘角质环具 8～9 个宽板齿。体表具大小相间的小型近圆形色素体。中国东海、南海有分布。

图 7-7　神户枪乌贼 *Loliolus sumatrensis*

（8）伍氏枪乌贼 *Loliolus uyii*（图 7－8）：隶属枪乌贼科、拟枪乌贼属。体短圆锥形，中等粗壮。触腕穗略微膨大，披针形，掌部中央 2 列 8 个吸盘明显扩大，扩大吸盘内角质环光滑。中国东海和南海有分布。

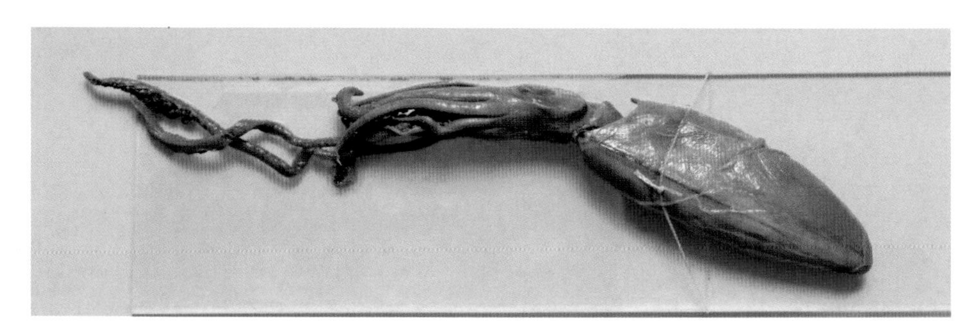

图 7－8　伍氏枪乌贼 *Loliolus uyii*

（9）莱氏拟乌贼 *Sepioteuthis lessoniana*（图 7－9）：隶属枪乌贼科、拟乌贼属 *Sepioteuthis*。体圆锥形，粗壮。胴长约为胴宽的 3 倍。肉鳍宽大，几乎包被胴部。雌性体表具大小相同的近圆形色素斑。雄性胴背两侧各生 9～10个近圆形粗斑。中国东海、南海有分布。

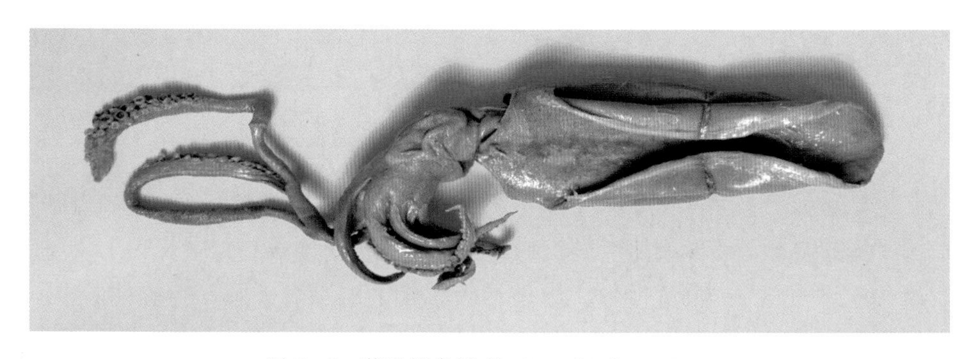

图 7－9　莱氏拟乌贼 *Sepioteuthis lessoniana*

2. 乌贼目：体背腹扁平，呈袋形或盾形。多为周鳍型，也有中鳍型。腕 10 只，腕吸盘 4 行。触腕穗吸盘数行至 10 行。角质环小齿不发达。多数种类具发达的内壳。

（1）椭乌贼 *Sepia elliptica*（图 7－10）：隶属乌贼科、乌贼属 *Sepia*。体呈狭盾形。胴背具密致的细点斑，具明显紫色素。触腕穗吸盘不具齿。中国南海有分布。

图 7-10 椭乌贼 *Sepia elliptica*

(2) 金乌贼 *Sepia esculenta*（图 7-11）：隶属乌贼科、乌贼属。体盾形，呈金黄色。胴长约为胴宽的 2 倍。雄性背部具粗的白色横斑和密的细斑点。雌性背部横条纹不明显。中国沿海均有分布。

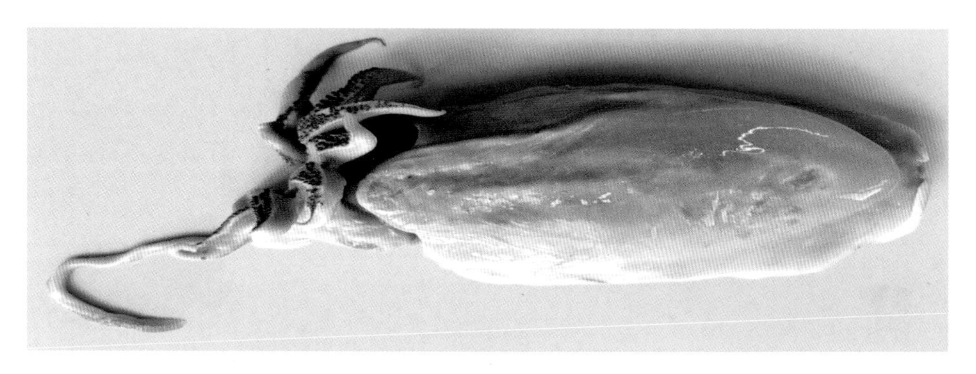

图 7-11 金乌贼 *Sepia esculenta*

(3) 白斑乌贼 *Sepia latimanus*（图 7-12）：隶属乌贼科、乌贼属。体盾形，背部前端突起钝圆，向前伸至眼球中线水平。背部有大乳突，近鳍基

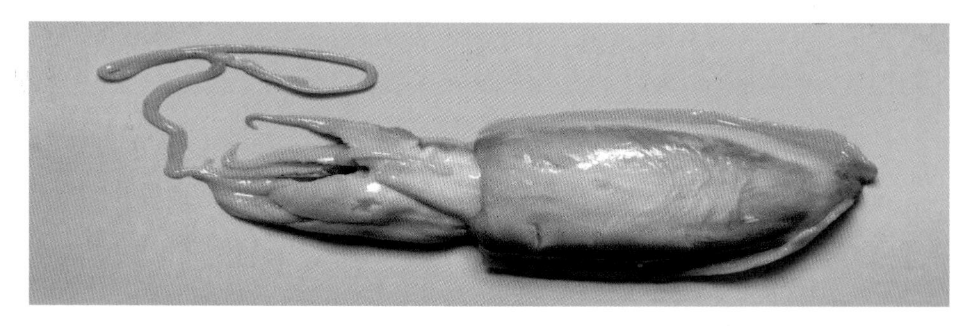

图 7-12 白斑乌贼 *Sepia latimanus*

部具一系列延长的乳突。鲜活时背中央有灰白斑块，腕缘和鳍具白色横带。中国东海、南海有分布。

（4）罗氏乌贼 *Sepia madokai*（图 7-13）：隶属乌贼科、乌贼属。体盾形。胴背具密致的细点斑，褐色素明显。肉鳍位于胴部两侧全缘，在后端分离。内壳横纹面呈单峰状。中国东海、南海有产。

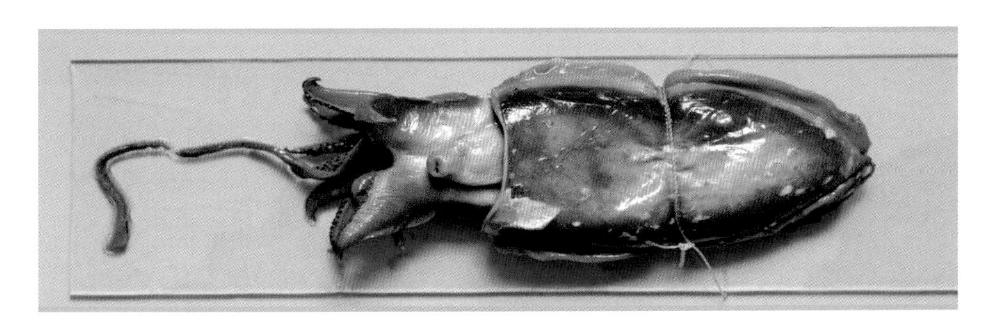

图 7-13　罗氏乌贼 *Sepia madokai*

（5）虎斑乌贼 *Sepia pharaonis*（图 7-14）：隶属乌贼科、乌贼属。体盾形。背部前端突起尖锐，前伸至眼球前缘水平。体表具大量横条纹，状如“虎斑”。鳍末端分离，鳍基部具不连续的发光线。中国东海、南海有分布。

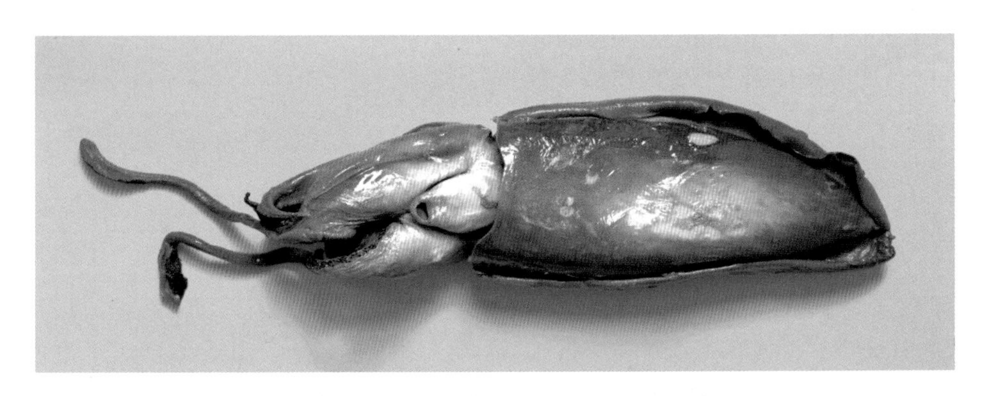

图 7-14　虎斑乌贼 *Sepia pharaonis*

（6）曼氏无针乌贼 *Sepiella inermis*（图 7-15）：隶属乌贼科、无针乌贼属 *Sepiella*。体盾形，略瘦。胴背具近椭圆形白斑。胴腹后端具腺孔，不具骨针。肉鳍位于胴部两侧全缘，在后端分离。触腕穗吸盘多而密，大小相近。中国东海有分布。

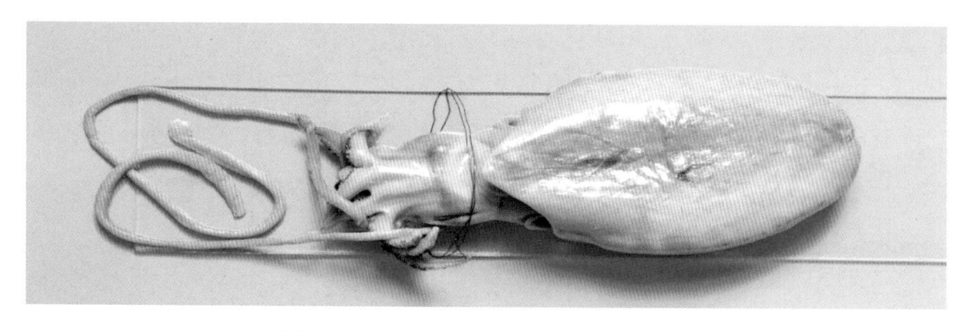

图 7-15 曼氏无针乌贼 *Sepiella inermis*

（7）图氏后乌贼 *Metasepia tullbergi*（图 7-16）：隶属乌贼科、后乌贼属 *Metasepia*。体甚宽，胴长稍大于胴宽。胴背具致密细点斑，有明显的褐黑色素。胴腹后端具腺孔，不具骨针。触腕穗吸盘少而稀，大小不等。中国东海、南海有分布。

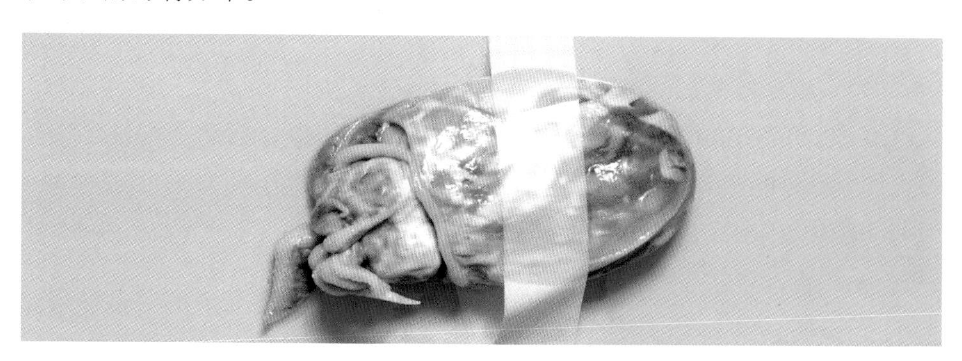

图 7-16 图氏后乌贼 *Metasepia tullbergi*

（8）暗耳乌贼属 *Inioteuthis*（图 7-17）：隶属耳乌贼科。头部与胴部在背部愈合。腕吸盘 2 行，左侧第一腕茎化，具凹陷，无发光器。内壳退化。中国南海有分布。

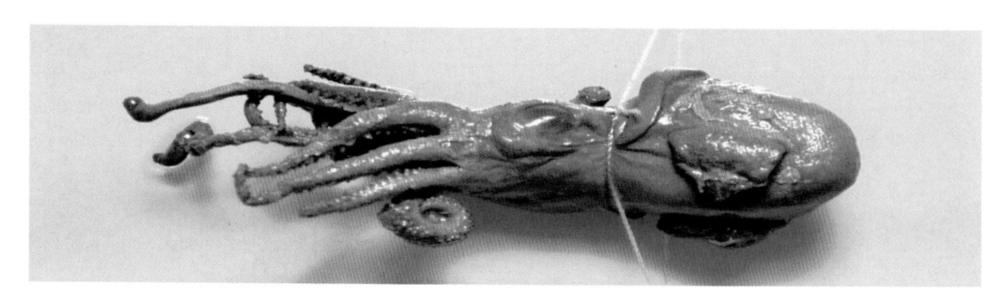

图 7-17 暗耳乌贼属 *Inioteuthis*

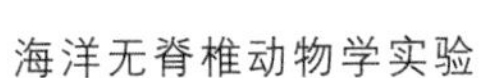

（9）双喙耳乌贼 *Lusepiola birostrata*（图 7－18）：隶属耳乌贼科、耳乌贼属 *Lusepiola*。体呈圆袋形。胴宽约为胴长的 7/10。体表具大量褐色或黑色的色素体。第 1～3 腕各具 1 纵列大色素体，第 4 腕具 2 纵列小色素体。中国黄海、渤海和东海均产。

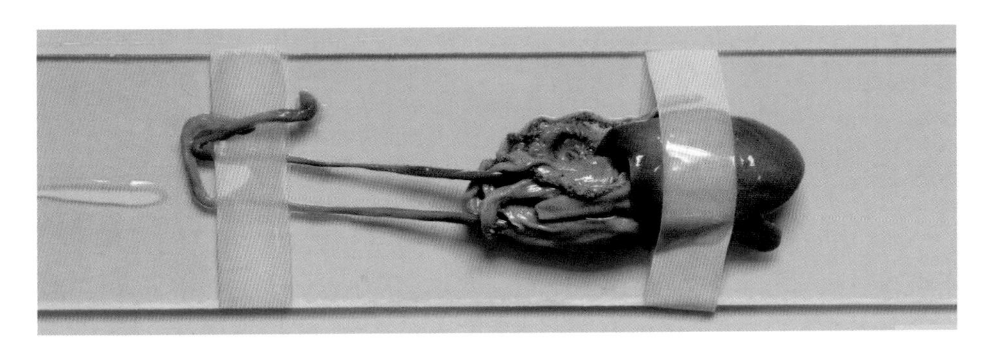

图 7－18　双喙耳乌贼 *Lusepiola birostrata*

（10）后耳乌贼 *Sepiadarium kochii*（图 7－19）：隶属耳乌贼科、后耳乌贼属 *Sepiadarium*。体近圆形。背部前缘与头部愈合部约为胴长的 1/4。鳍长约为胴长的 1/2，位于胴部两侧中部，形状如"两耳"。腹部前缘两侧与漏斗愈合。中国东海和南海有分布。

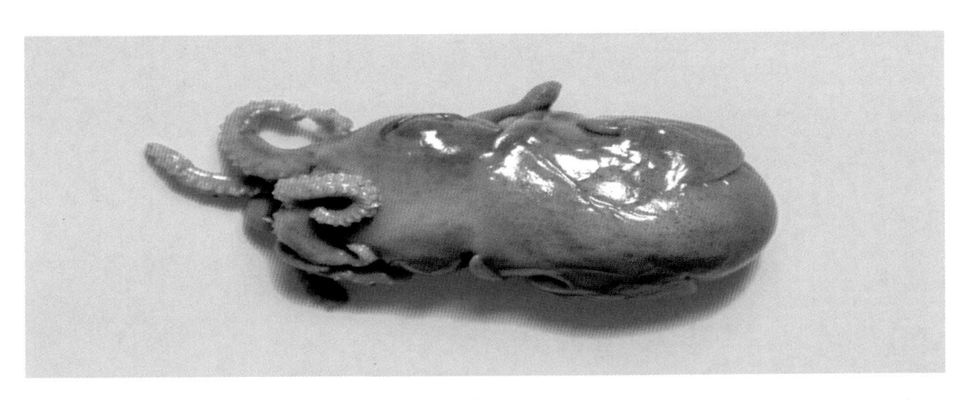

图 7－19　后耳乌贼 *Sepiadarium kochii*

（11）柏氏四盘耳乌贼 *Euprymna berryi*（图 7－20）：隶属耳乌贼科、四盘耳乌贼属 *Euprymna*。体圆袋形。胴宽约为胴长的 7/10，背部前端与头愈合部约为头宽的 2/3。体表具大量色素体。中国东海、南海有分布。

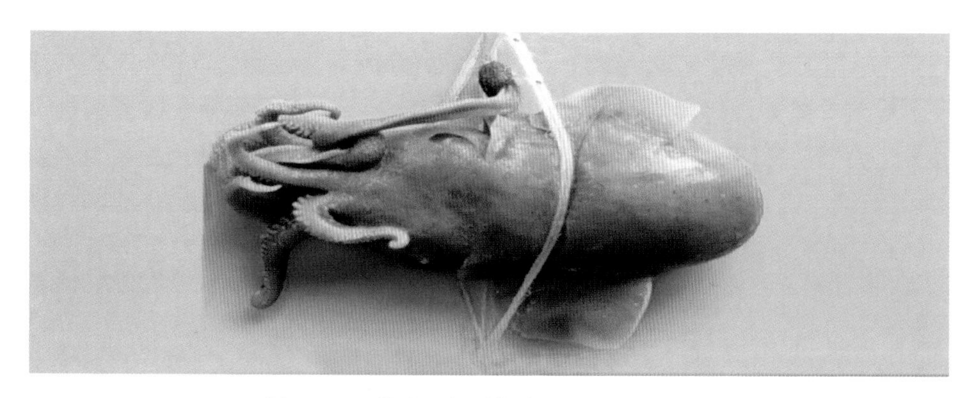

图 7-20　柏氏四盘耳乌贼 *Euprymna berryi*

3. 八腕目：头小，胴部卵圆形，胴长短于腕长。腕 8 只，腕吸盘 1 行或 2 行。无触腕，吸盘无柄及角质环。肉鳍多退化，少数具耳状中鳍。内壳退化。

（1）砂蛸 *Amphioctopus aegina*（图 7-21）：隶属蛸科、两鳍蛸属 *Amphioctopus*。胴部卵圆形，表面粗糙，具许多圆形的颗粒。腕长为胴长的3～4 倍，腕吸盘 2 列。漏斗器 W 形，鳃片数 8～9 个。中国南海有分布。

图 7-21　砂蛸 *Amphioctopus aegina*

（2）短蛸 *Amphioctopus fangsiao*（图 7-22）：隶属蛸科、两鳍蛸属。体卵圆形，体表具近圆形颗粒。腕长为胴长的 3～4 倍。腕粗壮，各腕长相近，腕吸盘 2 列。眼前方和第 2、3 对腕之间各有一椭圆形的大金圈。中国沿海均产。

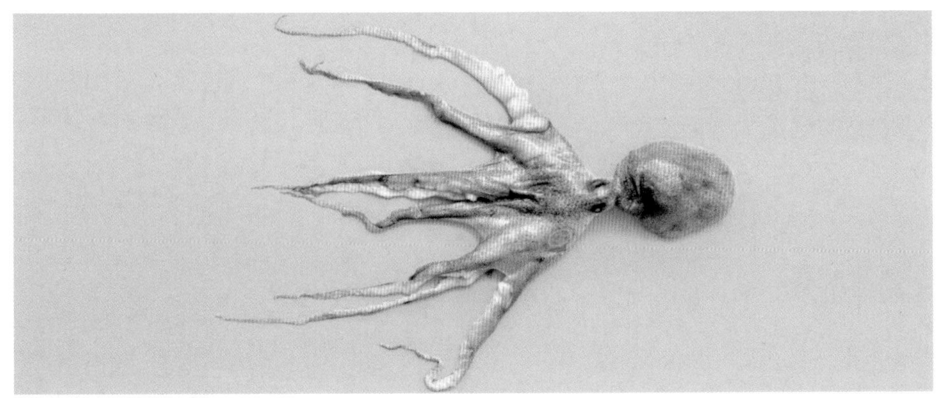

图 7-22 短蛸 *Amphioctopus fangsiao*

（3）条纹蛸 *Amphioctopus marginatus*（图 7-23）：隶属蛸科、两鳍蛸属。体卵圆形，体表密生小颗粒。腕长为胴长的 4～5 倍。腕粗壮，各腕长相近，腕吸盘 2 列。胴侧面特别是侧腕基部具明显的纵行条纹。中国东海、南海有分布。

图 7-23 条纹蛸 *Amphioctopus marginatus*

（4）卵蛸 *Amphioctopus ovulum*（图 7-24）：隶属蛸科、两鳍蛸属。体卵圆形，体表密生圆形小颗粒。腕长为胴长的 3～4 倍。腕粗壮，各腕长相近，腕吸盘 2 列。眼前方和第 2、3 对腕之间各有一椭圆形的褐黑斑，其间有一小银圈。中国东海、南海有分布。

（5）双斑蛸 *Octopus bimaculatus*（图 7-25）：隶属蛸科、蛸属 *Octopus*。体卵圆形，体表光滑，间或具疣突和网状条纹。腕长为胴长的 4～5 倍。腕粗壮，各腕长相近，腕吸盘 2 列。眼前方和第 2、3 对腕之间有一大的黑圆斑。中国东海、南海有分布。

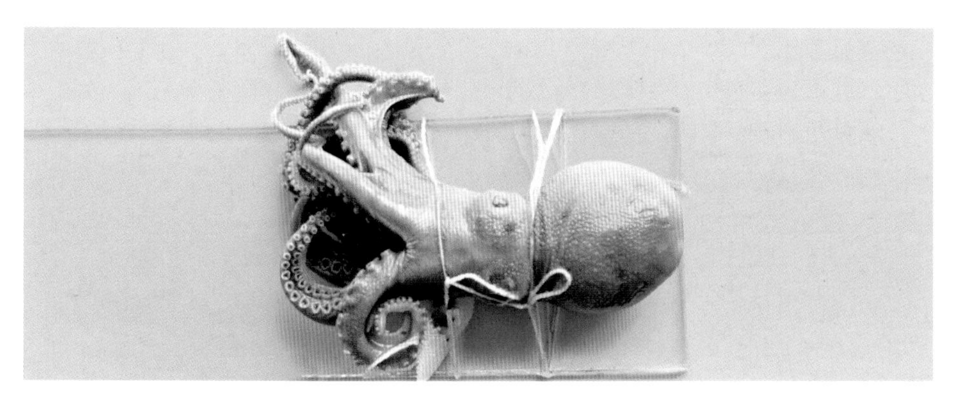

图 7-24　卵蛸 *Amphioctopus ovulum*

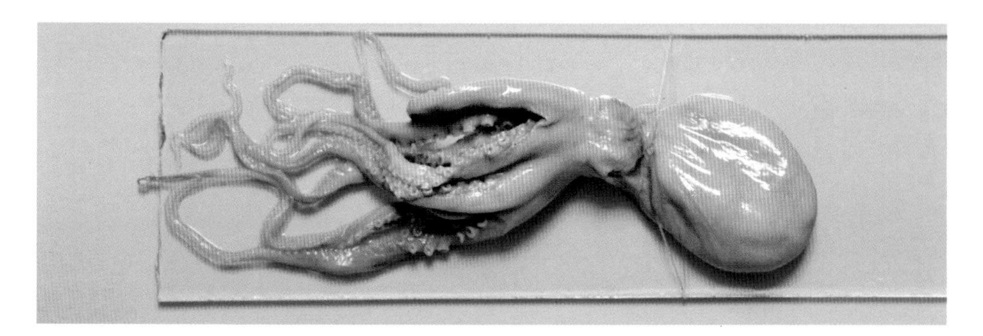

图 7-25　双斑蛸 *Octopus bimaculatus*

（6）弯斑蛸 *Octopus dollfusi*（图 7-26）：隶属蛸科、蛸属。体卵圆形，稍长。体表光滑，具网格状纹，背部具一浅色的粗条斑。两眼间有一浅色的细弯斑。腕长为胴长的 3～4 倍。腕粗壮，各腕长相近，腕吸盘 2 列。中国东海、南海有分布。

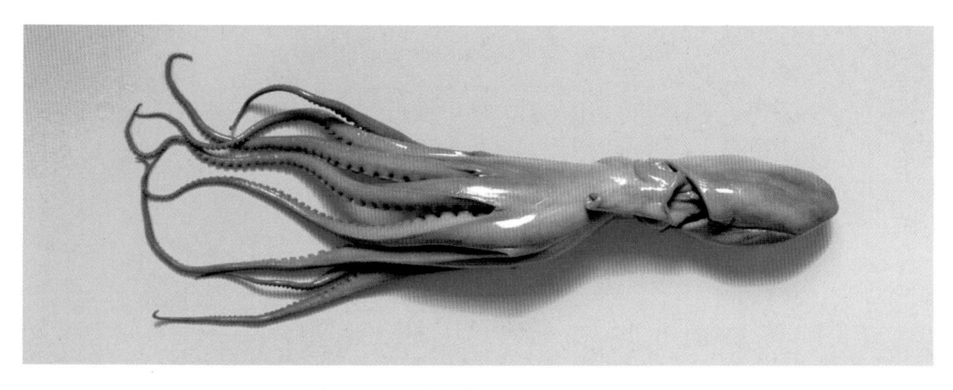

图 7-26　弯斑蛸 *Octopus dollfusi*

（7）纺锤蛸 *Octopus fusiformis*（图 7－27）：隶属蛸科、蛸属。胴部纺锤形，具细色素粒，不具斑纹。胴长约为胴宽的 3 倍。腕长为胴长的 6～7 倍。腕吸盘 2 列。中国南海有分布。

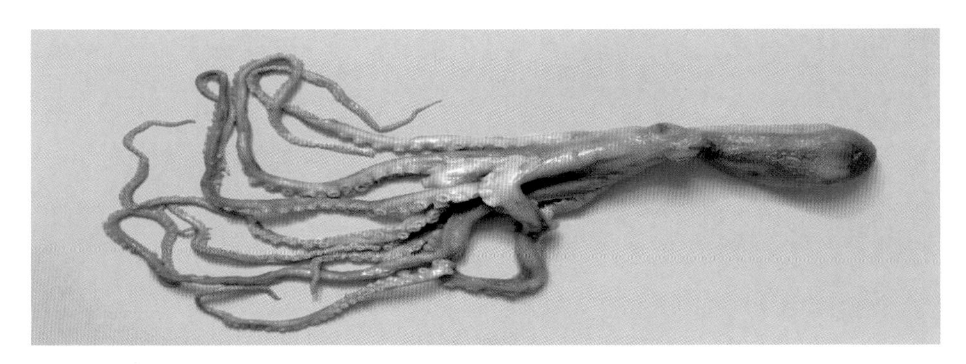

图 7－27　纺锤蛸 *Octopus fusiformis*

（8）南海蛸 *Octopus nanhaiensis*（图 7－28）：隶属蛸科、蛸属。体卵圆形，体表光滑，有明显的淡黄色素和极细的褐黑色素点，不具斑纹。腕长为胴长的 7～8 倍，腕式为 1＞2＞3＞4。腕吸盘 2 列。中国南海有分布。

图 7－28　南海蛸 *Octopus nanhaiensis*

（9）长蛸 *Octopus variabilis*（图 7－29）：隶属蛸科、蛸属。体长卵形。体松软，体表具规则大小的疣突与乳突。胴长约为胴宽的 2 倍。两眼上方各具 5～8 个突起，其中 1 个扩大。中国沿海均产。

（10）真蛸 *Octopus vulgaris*（图 7－30）：隶属蛸科、蛸属。体卵圆形，稍长。体表光滑，具细小色素斑，背部具白点斑。腕长为胴长的 5～6 倍。腕粗壮，各腕长相近。腕吸盘 2 列。中国东海、南海有分布。

（11）水孔蛸属 *Tremoctopus*（图 7－31）：隶属水孔蛸科。胴部卵形，外套腔口宽，背、腹面具水孔。吸盘两行。体表具细色素斑。中国南海有产。

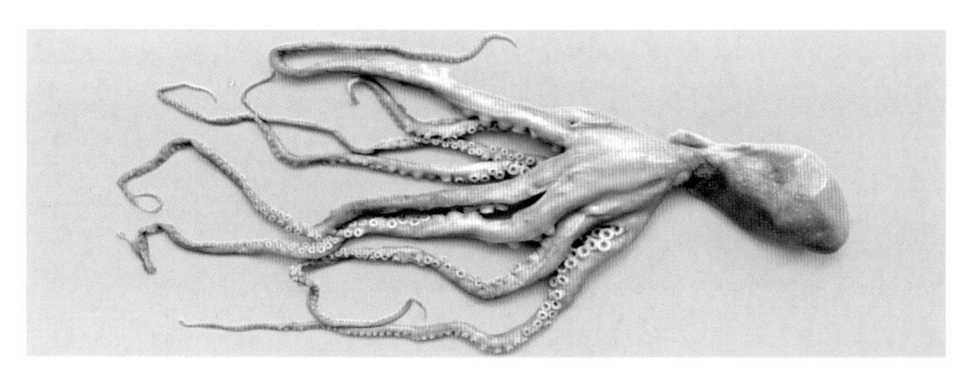

图 7－29　长蛸 *Octopus variabilis*

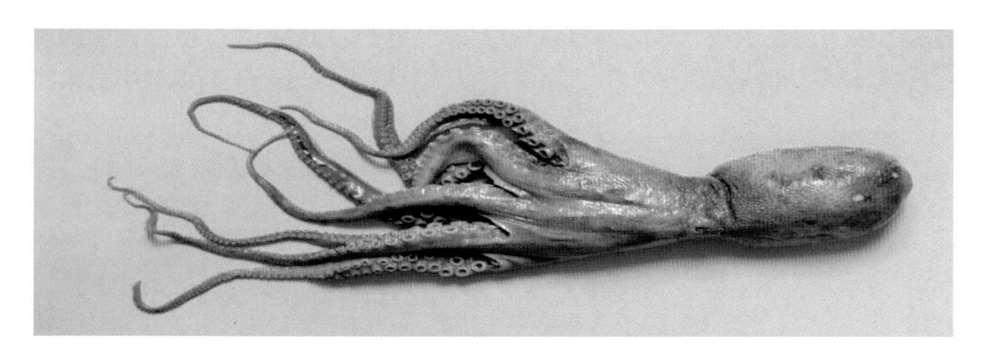

图 7－30　真蛸 *Octopus vulgaris*

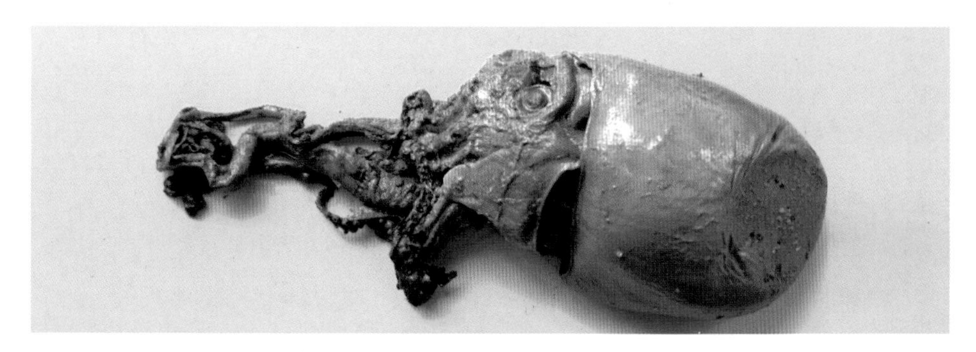

图 7－31　水孔蛸属 *Tremoctopus*

（12）船蛸 *Argonauta argo*（图 7－32）：隶属船蛸科、船蛸属 *Argonauta*。胴部卵形，外套腔口宽，体表不具水孔。壳面具放射肋多条，约有 50 个疣突。腕吸盘 2 行，腕间膜狭短。中国南海有分布。

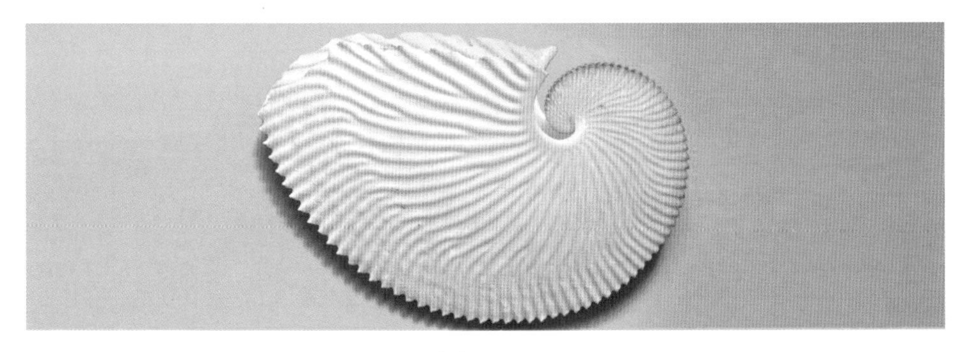

图 7 - 32　船蛸 *Argonauta argo*

（13）锦葵船蛸 *Argonauta hians*（图 7 - 33）：隶属船蛸科、船蛸属。胴部卵形，外套腔口宽，体表不具水孔。壳面放射肋条数少，约有 20 个疣突。腕吸盘 2 行，腕间膜狭短。中国东海、南海有分布。

图 7 - 33　锦葵船蛸 *Argonauta hians*

六、作业与思考

1. 绘出所观察的头足类动物，并根据实验过程和结果撰写实验报告。

2. 掌握蛸亚纲三个目的形态特征以及划分依据。

3. 掌握蛸亚纲各个目主要科的分类性状及其代表种的识别特征。

4. 学会区分枪形目、乌贼目与八腕目的腕（包括茎化腕和触腕）、吸盘的构造。

5. 墨鱼、鱿鱼、章鱼各指哪些头足类？它们又是如何辨别的？

6. 理解头足类对环境适应的结构特点。

实验 8

节肢动物枝角类、桡足类、介形类

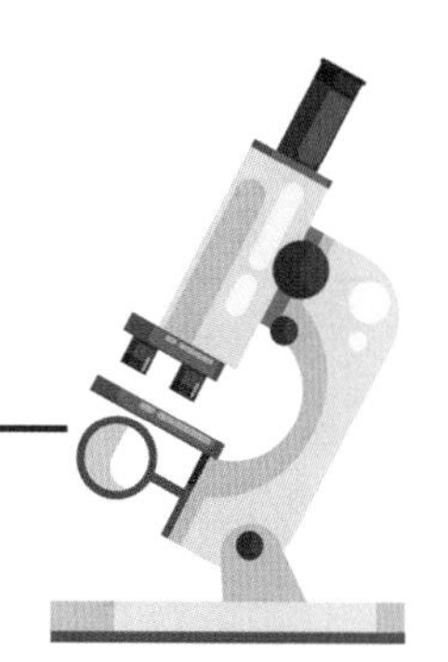

节肢动物 Arthropoda 身体出现分节的附肢，具有坚实的外骨骼、强劲有力的横纹肌、发达的感觉器官和神经系统，以及独特的消化系统和排泄器官。这种生理功能的发展促进了节肢动物形态结构的多样性和对环境的适应，使其成为动物界最大的一个门类，现生种类有 100 多万种，且分布极为广泛。节肢动物通常可分为 5 亚门 15 纲，其中常见的海生种类主要是甲壳动物亚门 Crustacea 的鳃足纲 Branchiopoda、颚足纲 Maxillopoda、软甲纲 Malacostraca 这 3 个纲。鳃足纲的枝角类和颚足纲的桡足类及介形类均是海洋经济动物的良好饵料，在海洋生态系统或渔业生产以及海洋科学研究方面都具有十分重要的意义。

一、目的和要求

1. 通过观察鳃足纲和颚足纲动物的模式图，掌握这两个纲的基本形态特征。

2. 掌握海洋枝角类、桡足类、介形类的形态结构和分类知识。

二、实验材料

鳃足纲的双甲目 Diplostraca 和颚足纲的哲水蚤目 Calanoida、剑水蚤目 Cyclopoida、猛水蚤目 Harpacticoida、壮肢目 Myodocopida 的成体及幼虫等海洋常见种的浸制标本。

三、实验工具与试剂

显微镜，烧杯、培养皿、载玻片，吸水纸、擦镜纸、纱布，无水乙醇、

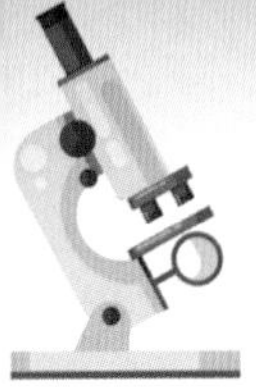

生理盐水等。

四、实验方法

1. 先观察海洋枝角类、桡足类、介形类动物的模式图，了解其形态结构和分类特征。

2. 用吸管从标本瓶中吸取少许标本，置于载玻片上，在光学显微镜下调好物镜倍数（先用低倍镜找好目标之后再更换高倍镜）进行观察，必要时用解剖针轻轻地触动盖玻片，使标本翻转，以便全面观察标本的形态构造。最后对焦拍照保存照片，做好实验记录。

五、实验内容

1. 枝角类： 是指鳃足纲、双甲目、枝角亚目 Cladocera 的甲壳动物，也称水蚤或溞（图 8-1）。枝角类身体短小，左右侧扁，分节不明显。躯体包被于透明的两壳瓣中，呈介壳状。第二触角发达，呈枝角状，有显著的复眼。一般行孤雌生殖，发育过程无变态期。绝大多数为淡水种，仅少数分布于沿岸水域。

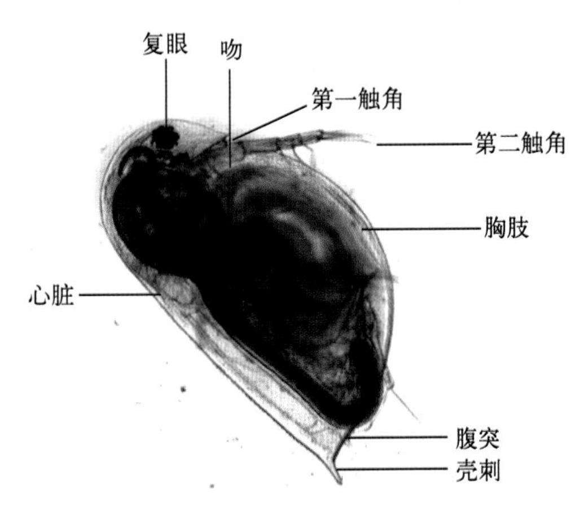

图 8-1　枝角类模式图

（1）鸟喙尖头溞 *Penilia avirostris*（图 8-2）：隶属仙达溞科 Sididae、尖头溞属 *Penilia*。体透明，两侧扁平。头和眼均小，额角尖细，吻喙状。头部向下延伸为两个左右分离的刺状突起。第二触角长且大，内、外肢均为 2 节，刚毛公式：外肢的节及刚毛数/内肢的节及刚毛数=2—6/1—4。背甲前、后腹缘遍生小棘。腹突延伸出一对很长的腹刺毛。尾爪细长，具 2 个基刺。本种为广温广盐性暖水种，中国沿海均有分布。

（2）蒙古裸腹溞 *Monia mongolica*（图 8-3）：隶属裸腹溞科 Moinidae、裸腹溞属 *Monia*。甲壳较薄，宽卵圆形，没有完全覆盖躯体部，无壳刺。壳

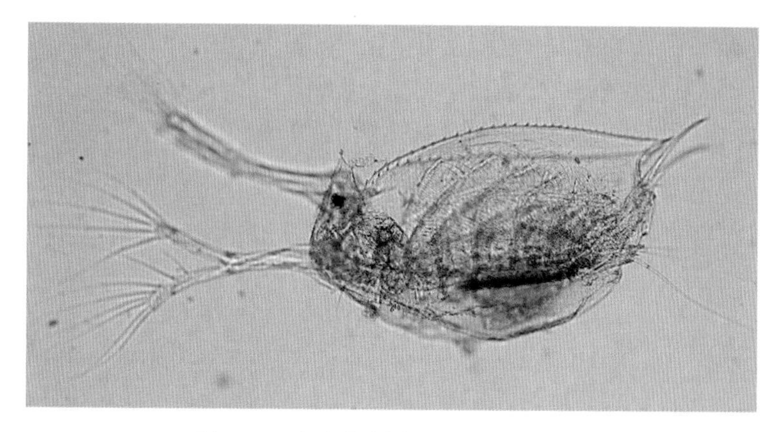

图 8-2　鸟喙尖头溞 *Penilia avirostris*

瓣上具多角形网纹。头部较大，颈沟明显，无吻，无单眼。第一触角较发达。后腹部常伸出甲壳外，呈长三角形。后腹部靠近尾爪基部的一根肛刺最大，顶端分叉，其他肛刺呈圆锥形，两侧具毛。本种具有生长快、繁殖迅速等特点，常作为海洋污染物的毒性监测生物。

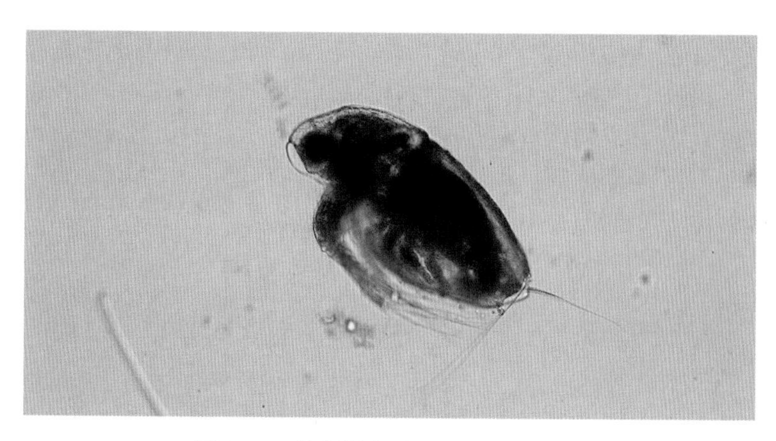

图 8-3　蒙古裸腹溞 *Monia mongolica*

（3）僧帽溞属 *Evadne*（图 8-4）：隶属大眼溞科 Polyphemidae。体呈卵圆形，头部较大，壳瓣后端钝圆。无颈沟。育室锥形。第二触角刚毛公式 1—1—4/0—1—1—4。本属为中国沿岸水域常见的暖水性海洋枝角类。

2. 桡足类：是指颚足纲、桡足亚纲 Copepoda 的一类小型、低等的甲壳动物（图 8-5）。身体狭长，分为前体部和后体部，两者间具一活动关节。

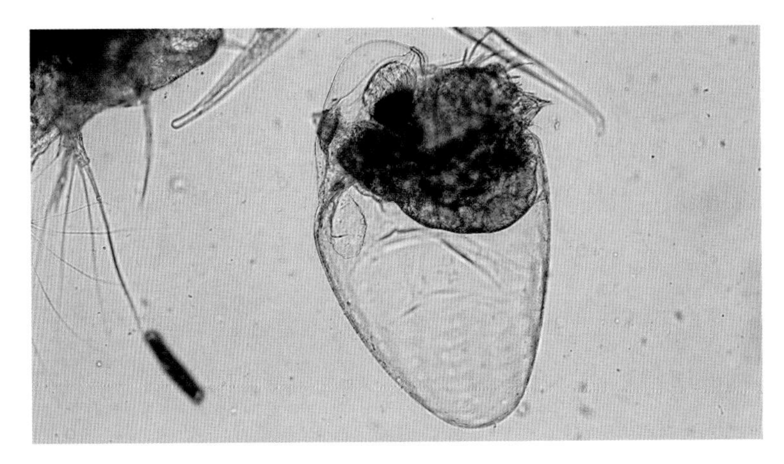

图 8-4　僧帽溞属 *Evadne*

体节一般不超过 11 节。第一触角发达，为主要游泳器官，雄性特化成为执握肢。附肢 11 对，头部 6 对，胸部 5 对。无复眼。雌雄异体，有性生殖。发育过程经历无节幼虫和桡足幼体两个阶段。桡足类有休眠和滞育现象。

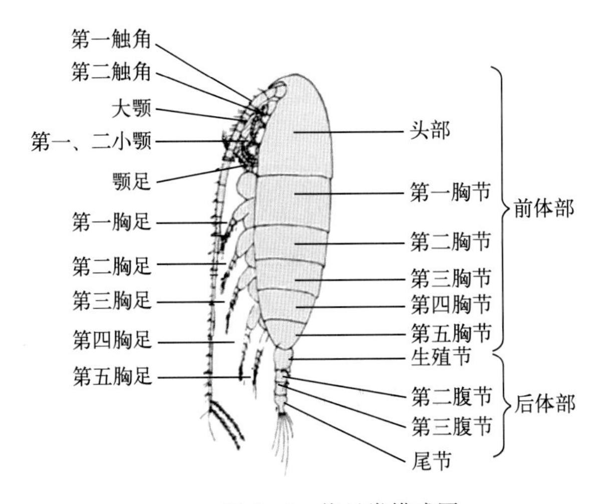

图 8-5　桡足类模式图

桡足类一般分为 7 个目，其中营海洋浮游生活的主要有哲水蚤目、剑水蚤目、猛水蚤目。这三个目种类多、数量大、分布广，在海洋浮游生物中占有重要位置，是海洋食物网中的一个重要环节。

(1) 哲水蚤目（图 8-6）：前体部比后体部显著宽大。活动关节在第 5

胸节及第1腹节之间。第一触角长度超过体长的一半，有25节。雌性第一触角左右对称，雄性右侧第一触角形成执握肢。具1个卵囊。

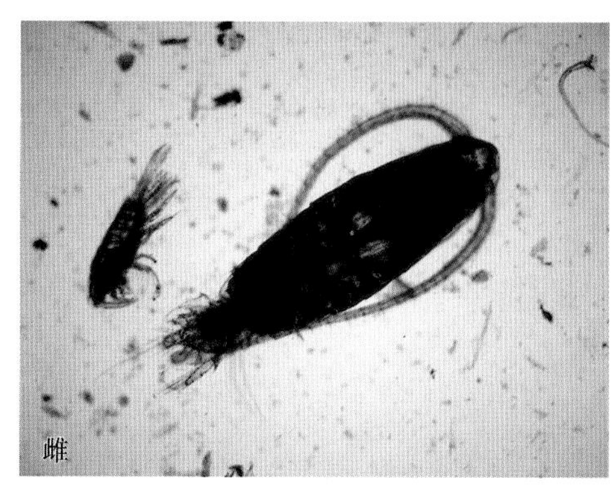

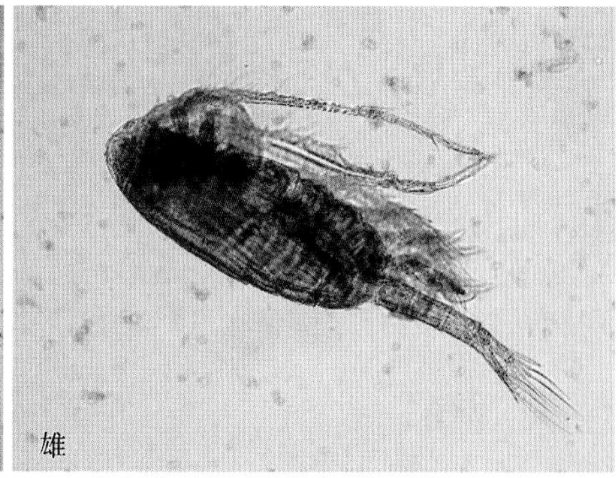

图8-6 哲水蚤目 Calanoida

（2）剑水蚤目（图8-7）：前体部比后体部宽大。活动关节在第4、5胸节之间。第一触角长度不超过体长一半，少于17节。雄性左、右第一触角均为执握肢。具2个卵囊。

（3）猛水蚤目（图8-8）：前体部稍宽于后体部，但彼此分界不明显。活动关节在第4、5胸节之间。第一触角长度不超过体长的一半，少于10节。雄性左、右第一触角均成为执握肢。多具1个卵囊。

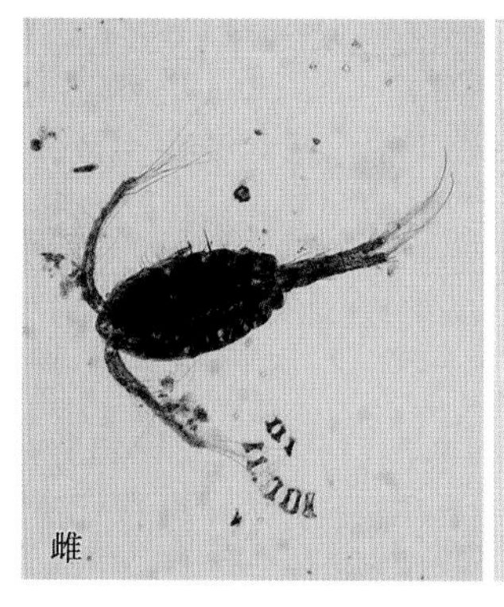

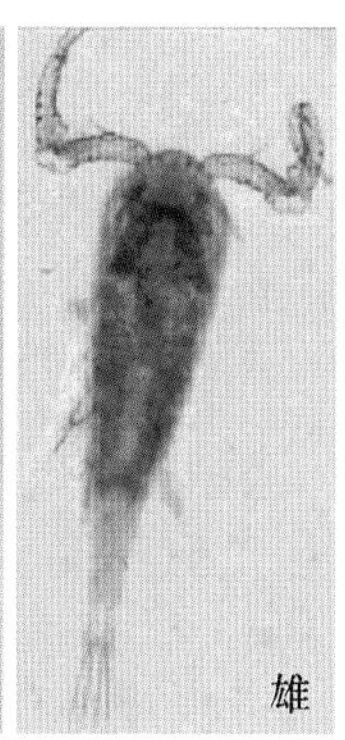

图8-7 剑水蚤目 Cyclopoida

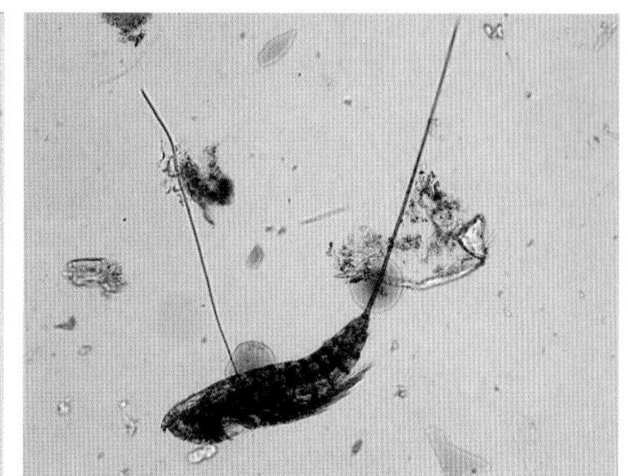

图8-8 猛水蚤目 Harpacticoida

（4）桡足无节幼虫（图8-9）：体呈卵圆形，身体不分节，前端有1个暗红色的单眼。附肢3对，即为第1、2触角、大颚，身体末端有一对尾触毛。

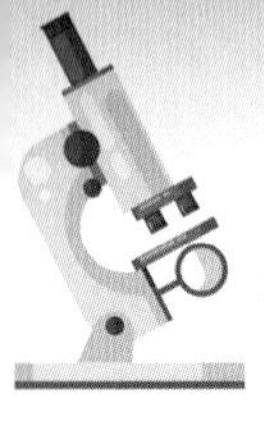

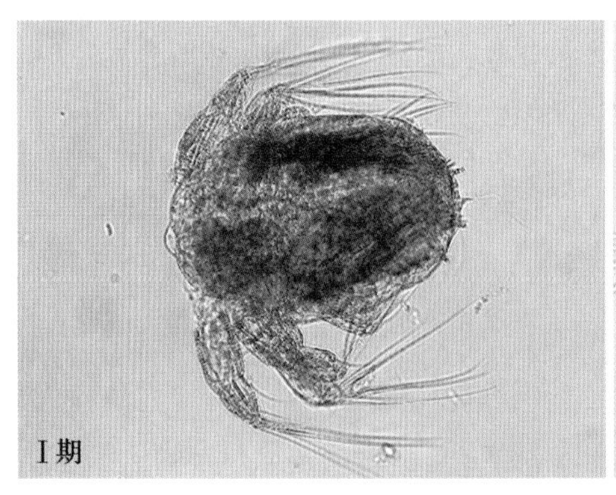

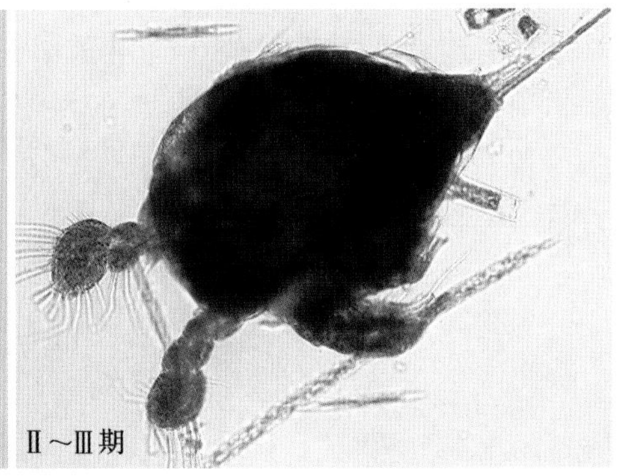

图 8－9　桡足无节幼虫

（5）*桡足幼体*（图 8－10）：第一触角变长，出现体节，并逐渐增多。身体分化成宽的前部体和窄的后部体，形态与成体相似。

3. 介形类： 是指颚足纲、介形亚纲 Ostracoda 的甲壳动物，也称介形虫（图 8－11）。身体不分节，完全被大小不等的两壳瓣所覆盖，形似软体动物的双壳类。壳瓣表面常有各种突起和雕纹。身体分为头部和胸部，末端具一尾叉。大部分有发达的第 1、2 触角，具口后附肢。

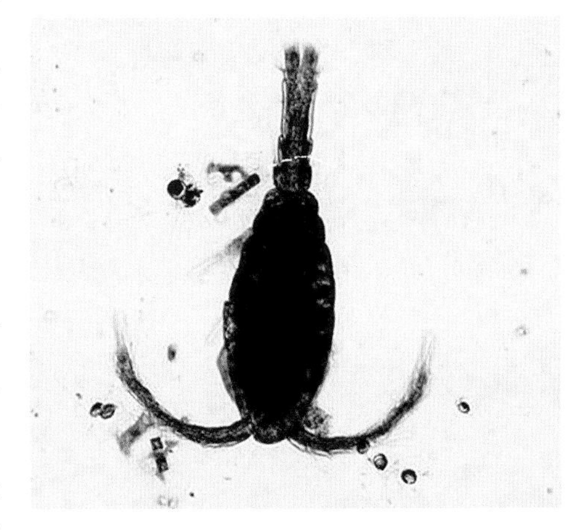

图 8－10　桡足幼体

一般体长不超过 0.5 mm，最大可达 5～6 mm。介形虫分布广泛，海淡水均产，一般营底栖生活。海洋浮游介形类主要是壮肢目和尾肢目 Podocopida 的种类。它们常分布在热带和亚热带的上层海水中，种类和数量较多，不但是海洋经济动物的饵料之一，也是著名的海洋发光动物。

海萤属 Cypridina（图 8－12）：隶属壮肢目、海萤科 Cypridinidae。体具石灰质的钙化壳。第一触角强壮，有 5～8 节。复眼 1 对，着生于眼柄上，侧面观近椭圆形，不透明。因上唇能分泌发光物质（腺体），故称海萤。海萤是发光生物的代表，是研究发光生理、生化的良好材料。

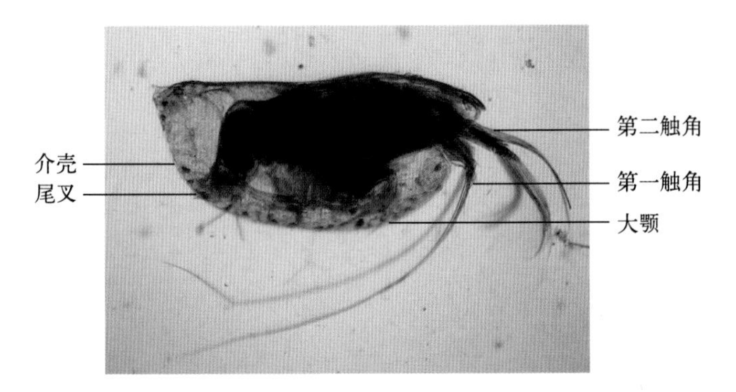

图 8-11　介形类模式图

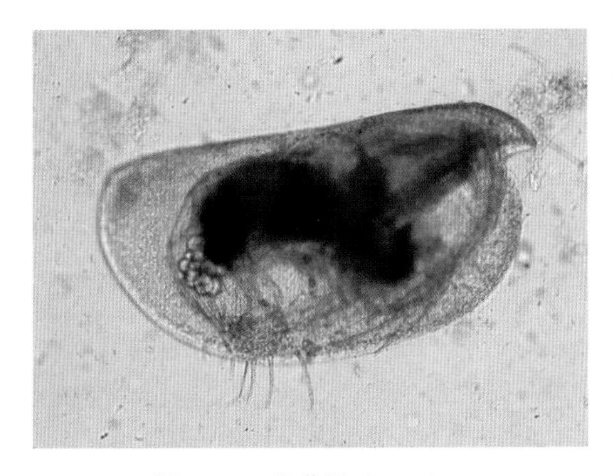

图 8-12　海萤属 *Cypridina*

六、作业与思考

1. 绘出所观察的枝角类、桡足类、介形类，并根据实验过程和结果撰写实验报告。

2. 通过观察枝角类、桡足类、介形类的模式图，掌握其形态特征和主要分类性状。

3. 海洋浮游桡足类主要分哪几个目？它们的主要区别是什么？

4. 比较枝角类和桡足类生活史的异同点。

实验 9

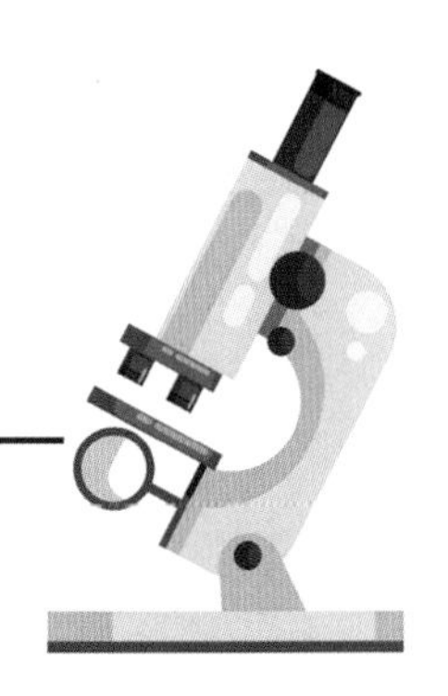

节肢动物端足类、糠虾类、磷虾类、樱虾类

软甲纲是甲壳动物亚门中最高等、形态结构最复杂、种类最多的一个类群。它既含有头胸甲不明显的端足目 Amphipoda，也包括头胸甲覆盖部分胸节的糠虾目 Mysidacea 以及头胸甲包被全部胸节的磷虾目 Euphausiacea 和十足目 Decapoda。从生态类群来看，软甲纲不仅拥有种类繁多的小型浮游甲壳动物，也含有大量营底栖生活的经济虾蛄类和虾蟹类。端足类、糠虾类、磷虾类、樱虾类是软甲纲常见的海洋浮游甲壳动物，分布广、数量大，是许多海洋动物的主要饵料生物，有些种类也是海流、水团的指示生物，在海洋生态系统及食物网中占有相当重要的位置。

一、目的和要求

通过观察端足类、糠虾类、磷虾类、樱虾类的代表种，掌握这 4 个动物类群的形态特征和分类知识。

二、实验材料

软甲纲的端足目、糠虾目、磷虾目、十足目樱虾科 Sergestidae 等常见种的浸制标本。

三、实验工具与试剂

显微镜、解剖镜、放大镜，镊子，吸管，烧杯、培养皿、载玻片，吸水纸、擦镜纸、纱布，无水乙醇、生理盐水等。

四、实验方法

1. 用吸管或镊子从标本瓶中取出少许标本，置于载玻片上，在解剖镜下观察标本的整体形态特征，对焦拍照，记录结果。

2. 在光学显微镜下或放大镜下观察标本身体的部位细节，如触角、眼(眼柄)、颈沟、背甲，以及颚、触须、胸足、腹足、尾足等附肢的形态结构，必要时用解剖针轻拨标本使其翻转，以便全面观察标本，对焦拍照保存照片，做好实验记录。

五、实验内容

1. 端足类：是指软甲纲、端足目，成体体长一般为 3～12 mm。体延长，多侧扁，分头、胸、腹三部分。头小，无头胸甲。第一胸节常与头部愈合。颚足 1 对，步足 7 对单肢型。复眼无眼柄或无复眼。本目已知有 6 000 多种，以海生种为主，分布于各水层。

端足目包括 4 个亚目，其中只有蛾亚目 Hyperiidea 才是真正营海洋浮游生活的类群。蛾亚目是一类两侧扁平、分节明显、无背甲的端足类，种类多，分布较广，是海洋浮游动物的重要组成之一。繁殖力强，一年内可多次产卵，个体发育无幼虫期。

长脚蛾属 Themisto（图 9－1）：隶属蛾亚目、蛾科 Hyperiidae。头部近球形，眼很大，几乎占整个头部。第一鳃足不呈螯状，后 3 对步足长于前 2 对。第 1、2 步足腕节后缘膨大。一般分布于低温、高盐的外海水域，是中国黄海、东海浮游动物的优势种，也是经济鱼类的主要饵料。

2. 糠虾类：是指软甲纲、糠虾目，体长多为 5～25 mm。糠虾外形似十足目的食用小虾，体细长，分为头胸部和腹部。背甲后端凹陷，未覆盖整个头胸部，末端 1～2 个胸节裸露于背甲外。有额角和 1 对具眼柄的复眼。胸足具发达的外肢，腹肢常退化，有些种类尾足内肢基部常有 1 个平衡囊。个体直接发育，无幼虫变态期。

糠虾目可分为 2 亚目 4 科，有 700 多种，绝大多数为海水种，营浮游或底栖生活。糠虾在海洋中分布广，数量较大，喜集群，不仅是海洋经济动物的主要饵料，也是沿岸水域的捕捞对象之一，可鲜食或发酵制成虾酱。

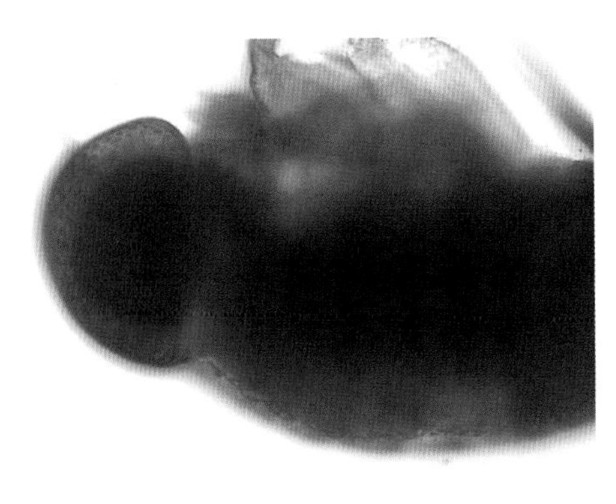

图 9-1　长脚蛾属 *Themisto*

糠虾幼体（图 9-2）：形态如上所述。

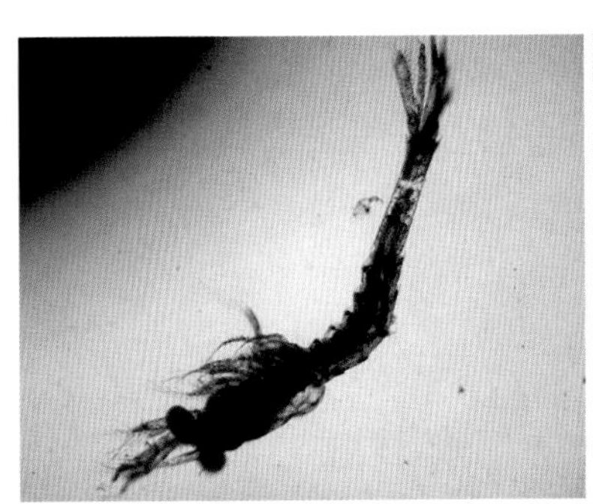
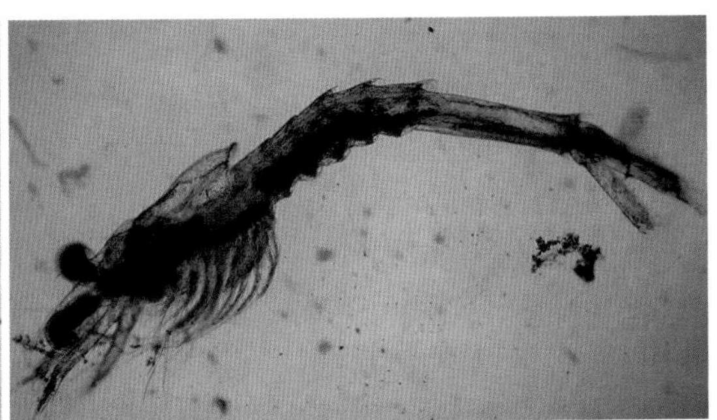

图 9-2　糠虾幼体

3. 磷虾类：是指软甲纲、磷虾目，一类小型浮游的高等甲壳动物。体长 10～20 mm，最大达 98 mm。磷虾形似十足目的真虾类，体分头胸部和腹部。背甲覆盖整个头胸部，向前伸出额角，有一对具短眼柄的大复眼。胸肢结构相似，均为双肢型，无颚足，具指状足鳃。腹肢和尾扇发达。多具球形的发光器。个体发育过程与十足目几乎完全一致。

磷虾目分 2 科 11 属约 90 种，中国近海有 20 多种。磷虾全部为海生的浮游动物。本目种类虽不多，但分布很广，数量也大，不但是许多经济鱼虾类和海兽类的饵料生物，而且也是直接的渔业捕捞对象，可供人类食用。

太平洋磷虾 *Euphausia pacifica*（图 9-3）：背甲具一对侧齿，额角弯且短，眼大。第一触角第一柄节有尖锐小叶。雄性交接器基突末部为较长的顶叶，其末端钝圆。太平洋磷虾以有机碎屑、浮游硅藻和小型浮游动物为食，蛋白质含量占干重79.3%。本种是北太平洋温带海域磷虾类的优势种，数量大，在中国主要分布于黄海，可随冬季沿岸流向南扩散至台湾海峡。

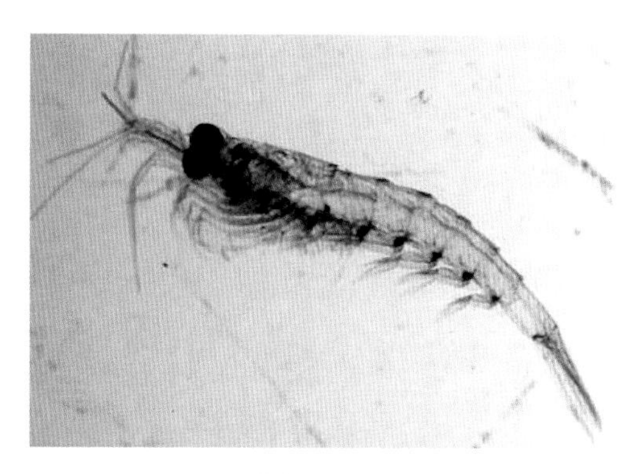

图9-3 太平洋磷虾 *Euphausia pacifica*

4. 樱虾类： 是指软甲纲、十足目、樱虾科，形似食用虾类，为高等甲壳动物。身体侧扁，由20个体节组成，分为头胸部和腹部，头胸部被背甲全覆盖。具有柄的复眼。第一触角单肢型，柄细长分3节，第一节基部有平衡囊。第二触角双肢型，柄部分2节或愈合。雌雄个体除生殖器官不同外，在外形和附肢上也存在差异。

樱虾科分为2亚科3属，所包括的种类虽不多，但它们分布广，近岸和外洋都有分布，数量也较大。其中，毛虾既是经济鱼类的饵料生物，又是近海渔业的直接捕捞对象。

（1）中国毛虾 *Acctes chinensis*（图9-4）：隶属樱虾科、毛虾属 *Acetes*。体侧扁，成体体长20～42 mm。甲壳薄，额角短小，侧面略呈三角形，下缘斜而微曲，上缘具两齿。体无色透明，唯口器部分及触鞭呈红色，第六腹节的腹面微呈红色。尾肢外缘无刺，内肢有一列红点，数目3～10个。本种仅分布于中国沿海，尤以渤海产量最大。

（2）日本毛虾 *Acctes japonicus*（图9-5）：隶属樱虾科、毛虾属。体形似中国毛虾，但个体稍小，成体体长25～30 mm。日本毛虾的第3颚足及胸足均短于中国毛虾，第3胸足通常仅伸至第1触角柄部或第2触角鳞片的末端。胸部后端的腹甲上常有1～2个红色小点。尾足内肢基部仅有一个较大的红色圆点（极少有2、3个红点）。中国黄海、东海、南海均有分布，以南海产量最高。

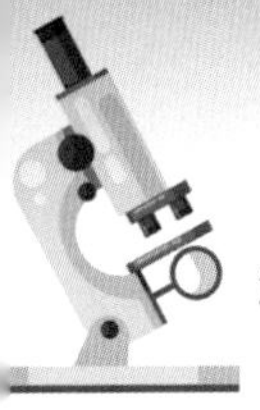

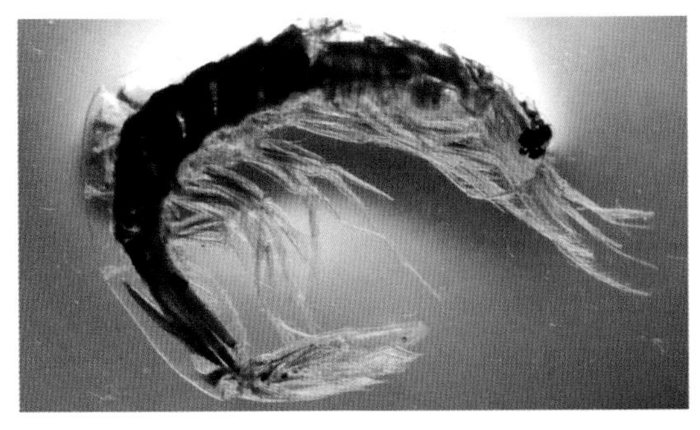

图 9-4 中国毛虾 *Acctes chinensis*

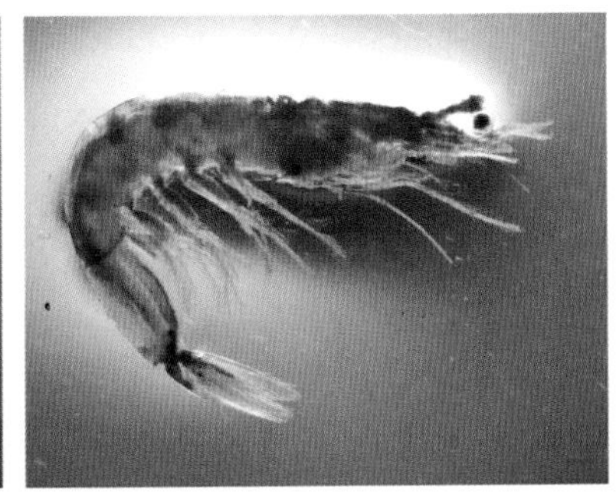

图 9-5 日本毛虾 *Acctes japonicus*

（3）萤虾属 *Lucifer*（图 9-6）：隶属樱虾科。体侧扁，身体细长，头部从上唇前端向前延伸成细筒形，使触角与口器相距较远。眼大，眼柄长，眼睛与胸甲距离长。无鳃，第一触角无下鞭，大颚无须。仅第三对步足具有钳。尾节狭长。本属主要分布于热带、亚热带海区。

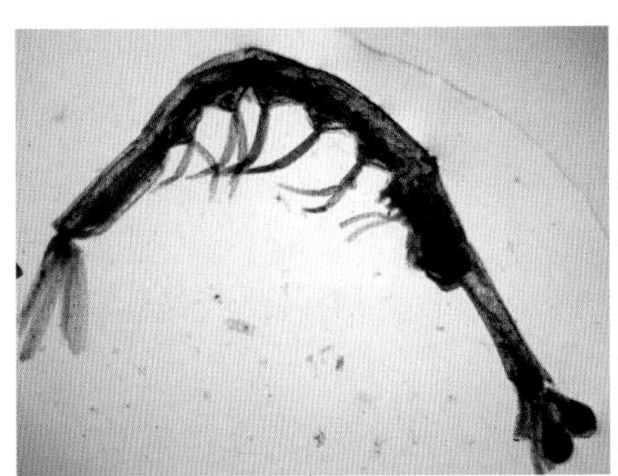

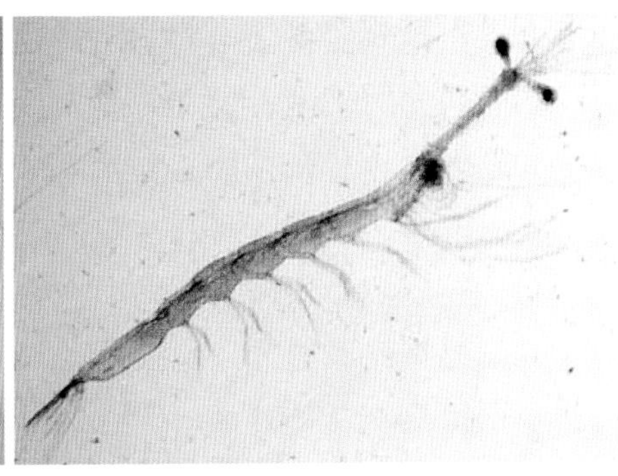

图 9-6 萤虾属 *Lucifer*

六、作业与思考

1. 绘出端足类、糠虾类、磷虾类、樱虾类的形态结构图，并根据实验过程和结果撰写实验报告。

2. 掌握端足类、糠虾类、磷虾类、樱虾类的主要分类性状。

3. 如何区别毛虾和萤虾？中国毛虾和日本毛虾的主要鉴定特征有哪些？

4. 理解端足类、糠虾类、磷虾类、樱虾类在海洋生态系统及渔业生产中的重要作用。

实验 10

节肢动物常见虾蛄类和经济虾类

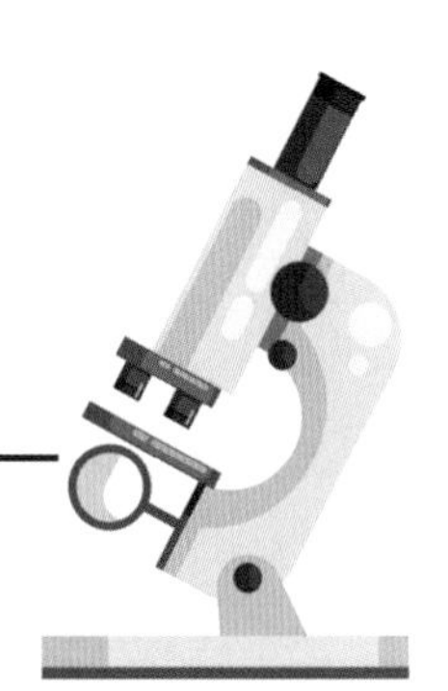

软甲纲含有大量营底栖生活的中大型经济甲壳动物，常见类群主要有口足目 Stomatopoda 和十足目，即虾蛄类、虾类（如对虾、龙虾、螯虾）和蟹类（如梭子蟹、绒螯蟹）等。它们不但是重要的渔业捕捞对象，也是人工养殖的主要品种，在海洋渔业生产及生态系统占据非常重要的地位。

一、目的和要求

1. 掌握口足目和十足目的形态特征和分类知识。
2. 学会利用检索表识别主要常见经济虾类的属和种。

二、实验材料

口足目的虾蛄科 Squillidae，十足目的对虾科 Penaeidae、鼓虾科 Alpheidae、长臂虾科 Palaemonidae、蝼蛄虾科 Upogebiidae、龙虾科 Palinuridae、蝉虾科 Scyllaridae 等常见种的浸制标本和新鲜标本。

三、实验工具与试剂

解剖镜、放大镜，烧杯、培养皿，吸水纸、擦镜纸、纱布，无水乙醇、生理盐水等。

四、实验方法

用解剖镜或放大镜观察虾蛄类和经济虾类标本的形态结构，包括头胸甲

各个区、刺、脊、沟，头部附肢（触角、颚、步足）、胸部附肢（颚足）、腹部附肢（游泳足）、尾肢以及各种鳃的特征，借助分类工具书和检索表识别实验标本，并拍照保存，做好实验记录。

五、实验内容

（一）虾蛄类

是指软甲纲、口足目的中大型甲壳动物。体背腹扁平，背面具数对众脊。头胸甲小，不能覆盖胸部后 4 节。腹宽大于头胸甲宽。额角片状，前方有能活动的眼节和触角节。胸部由前至后分别具 5 对单肢型的颚足和 3 对双肢型的步足。尾节甚短，宽扁，末缘具强棘。因口器具捕肢（即第 2 胸肢）而称之为口足目。

虾蛄全为海产，大多数栖息于泥沙质海底，为猎食性，靠捕肢捕捉小型的鱼类、软体动物、环形动物及其他甲壳动物为食。虾蛄不但是鱼类的天然饵料，还可供食用或制成虾酱，具有一定的经济价值。

1. 口虾蛄 *Oratosquilla oratoria*（图 10－1）：隶属口足目、虾蛄科、虾蛄属 *Oratosquilla*。头胸甲的中央脊近前端呈明显 Y 形。体表无黑色斑纹，鲜活时体呈浅灰或浅褐色，死后易发黑。腹部众棱不多于 8 条。中国沿海均产，是最常见的虾蛄种类。

图 10－1　口虾蛄 *Oratosquilla oratoria*

2. 多脊虾蛄 *Carinosquilla multicarinata*（图 10－2）：隶属口足目、虾蛄科、脊虾蛄属 *Carinosquilla*。第 2、5 腹节背面中部有一大黑斑，尾肢末端黑色。捕肢白色，其指节具 5 齿。中国东海、南海有分布。

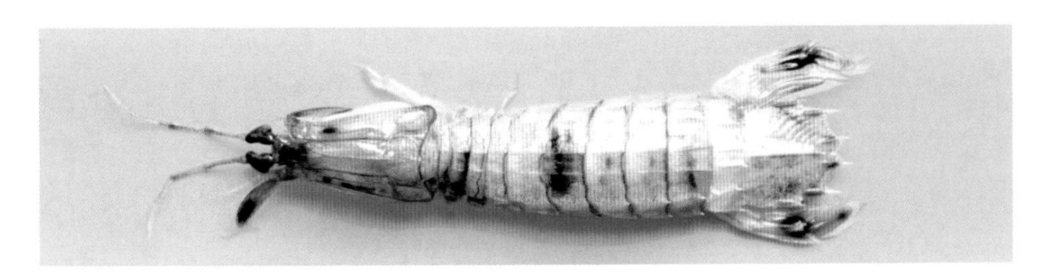

图 10-2 多脊虾蛄 *Carinosquilla multicarinata*

（二）经济虾类

十足目的对虾科、管鞭虾科 Solenoceridae、鼓虾科、长臂虾科、海螯虾科 Nephropidae、龙虾科是主要的海洋经济虾类。它们体形大，种类繁多，资源丰富，经济价值和食用价值均较高，是重要的经济渔业生物及水产养殖对象。

1. 对虾科：体侧扁，分为头胸部（分别有 6 节、8 节）和腹部（8 节）。额角发达，上缘或下缘具齿。头胸甲分为若干区，表面多具突出的棘、脊、沟。尾节末端尖锐。步足前 3 对钳状，后 2 对爪状。雄性第 1 腹肢内肢变为交接器。雌性交接器位于第 4、5 步足间的腹甲上。本科在中国东南沿海分布的种类较多，是中国海虾中产量最大的类群。

（1）中国明对虾 *Fenneropenaeus chinensis*（图 10-3）：隶属明对虾属 *Fenneropenaeus*。额角略平直，基部微凸但不隆起，齿式 7～9/3～5，其后脊伸至头胸甲中部。无肝脊和额胃脊，无中央沟。体表光滑，散布棕蓝色细点。本种仅分布于中国沿海，黄、渤海是主产区，东海北部及南海珠江口亦有少量分布，是中国虾类的主要养殖品种。

（2）长毛明对虾 *Fenneropenaeus penicillatus*（图 10-4）：隶属明对虾属，俗称明虾。额角超过第 1 触角柄末端，齿式 7～8/4～6，基部稍隆起，后脊伸至头胸甲后缘附近。体表光滑，头胸甲及腹部背面呈淡黄色，散布暗棕色点，尾肢后半部草绿色。本种分布于沿岸浅海，中国东海和南海有分布。

（3）墨吉明对虾 *Fenneropenaeus merguiensis*（图 10-5）：隶属明对虾属。体型大（一般 13～17 cm），生长快。额角较直，齿式 8～9/4～5，基部隆起较高，呈三角形，后脊伸至头胸甲后缘附近。体表光滑，散布棕色小斑点，死后呈白色。本种栖息于沿岸浅海区，常与长毛明对虾混栖，中国东海和南海均产。

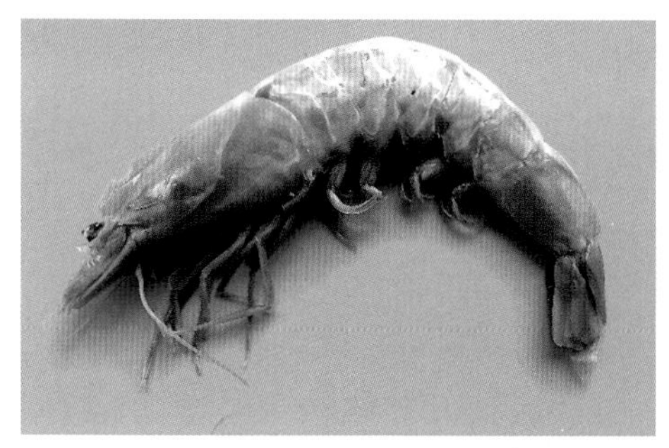

图 10-3　中国明对虾
Fenneropenaeus chinensis

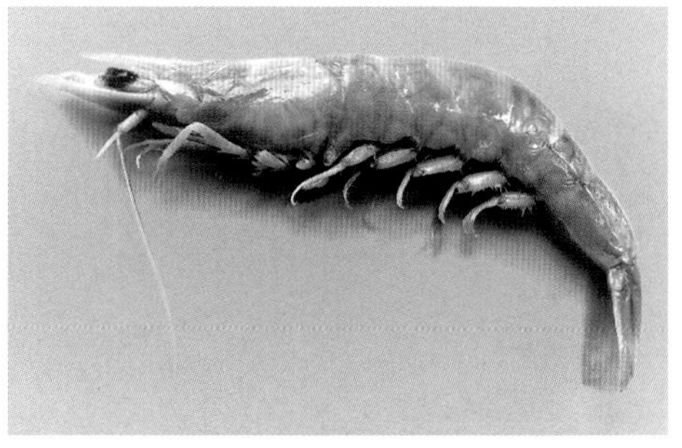

图 10-4　长毛明对虾
Fenneropenaeus penicillatus

（4）印度明对虾 *Fenneropenaeus indicus*（图 10-6）：隶属明对虾属。额角末端较短细，齿式 7～9/4～5，后脊非常高，近似三角形，伸至头胸甲后缘附件。第 1 触角鞭长短于或等于头胸甲长。新鲜时全身有浓棕色斑点，触须深红色。中国南海有分布。

图 10-5　墨吉明对虾
Fenneropenaeus merguiensis

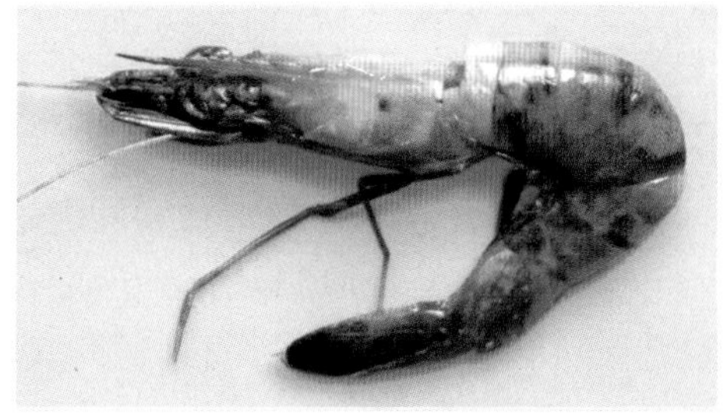

图 10-6　印度明对虾
Fenneropenaeus indicus

（5）斑节对虾 *Penaeus monodon*（图 10-7）：隶属于对虾属 *Penaeus*，俗称草虾。额角齿式 7～8/2～3，侧脊低而钝，伸达胃上刺下方，后脊中央沟明显。肝脊平直，无额胃脊。体由暗绿、深棕和浅黄横斑相间排列，构成腹部鲜艳的斑纹。本种是对虾属中个体最大的一种，中国东海和南海有产，也是东南亚的主要虾类养殖品种。

（6）短沟对虾 *Penaeus semisulcatus*（图 10-8）：隶属对虾属，俗称花虾。额角齿式 6～8/2～4，侧脊高而锐，伸达胃上刺后方。肝脊稍向前倾斜延伸。额角侧沟和中央沟短，向后不超过头胸甲中部。第 1 触角鞭短于柄，第5步足有小外肢。腹部有相间排列的鲜艳斑纹。中国东海和南海有分布。

图10-7 斑节对虾 *Penaeus monodon*

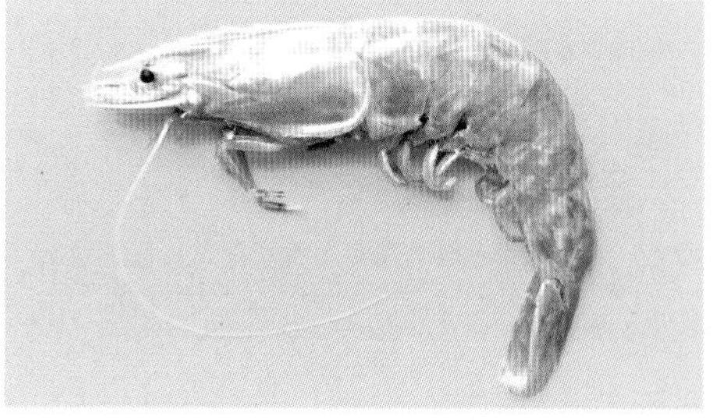

图10-8 短沟对虾 *Penaeus semisulcatus*

（7）日本囊对虾 *Marsupenaeus japonicus*（图10-9）：隶属囊对虾属 *Marsupenaeus*，俗称竹节虾。额角较直，齿式8～10/1～2。额角侧沟深，伸达头胸甲后缘。额角后脊中央沟明显，肝脊和额胃脊明显。体被蓝褐色横斑花纹，尾尖呈蓝色和黄色，附肢黄色。中国黄海、东海和南海均产，也是人工养殖的主要虾类。

（8）凡纳滨对虾 *Litopenaeus vannamei*（图10-10）：隶属滨对虾属 *Litopenaeus*，又称南美白对虾。额角齿式8～9/1～2，侧脊短，伸达胃上刺后方。无中央沟、具肝脊。第4、5步足无上肢。本种引自美国太平洋沿岸，已成为中国沿海养殖规模最大的虾类。

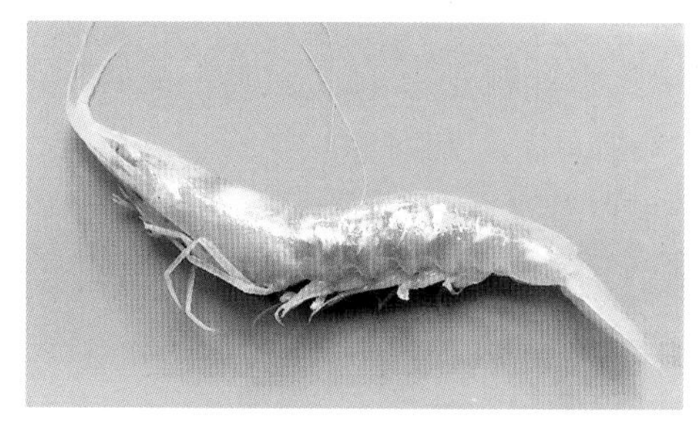

图10-9 日本囊对虾 *Marsupenaeus japonicus*

图10-10 凡纳滨对虾 *Litopenaeus vannamei*

2. 鼓虾科：体长一般在10 cm以下，体色鲜艳有斑纹。头胸甲光滑，额角短小或无，不呈锯齿状。步足具肢鳃。第1步足钳状，左右多不对称，一般皆甚强大。第2对步足细小，亦呈钳状，其腕由3、4或5节构成。尾节宽而短，呈舌状。遇敌时开闭大螯之指发出如打鼓响声，故称为鼓虾。

鼓虾分布于热带和亚热带浅海，多为穴居或潜伏生活，常与其他海洋动

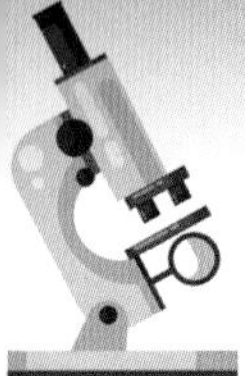

物有共生关系。鼓虾肉可鲜食或干制成虾米，具有一定的经济价值。此外，鼓虾的发声习性及其声响性质，也是海洋声学研究的一个关注点。鼓虾科是一个物种丰富和生态多样性非常高的类群，全世界已报道有 47 属，其中分布于中国近海的有 12 属 126 种。

（1）鲜明鼓虾 *Alpheus distinguendus*（图 10－11）：隶属鼓虾属 *Alpheus*。头胸甲光滑。额角尖刺短小，后脊伸达头胸甲中部。右螯粗壮，外缘较内缘厚。左螯较短细，两指内弯，内缘具绒毛。鲜活时身体鲜艳美丽，具明显的棕黄色花纹，第 4、5 腹节后缘具深色圆点。中国沿海均有分布。

（2）短脊鼓虾 *Alpheus brevicristatus*（图 10－12）：隶属鼓虾属。额角尖刺短小，后脊伸达头胸甲前部 1/3 处。左右螯约等长，左螯粗壮，右螯细长。体具橘色和浅棕色花纹。中国黄海、东海和南海均有分布。

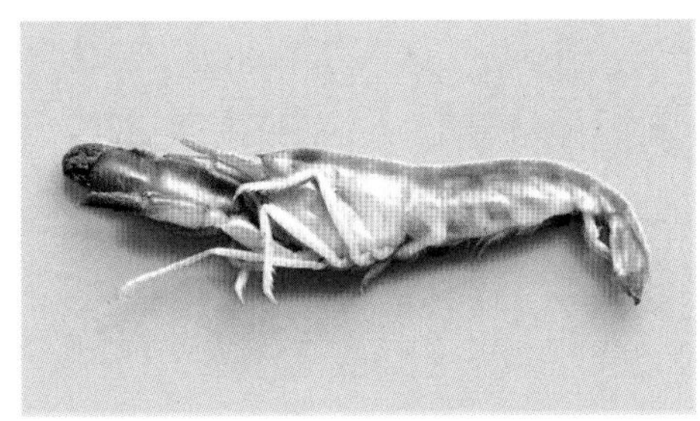
图 10－11　鲜明鼓虾 *Alpheus distinguendus*

图 10－12　短脊鼓虾 *Alpheus brevicristatus*

3. 长臂虾科：头胸甲具触角刺，鳃甲刺及肝刺有或无。大颚切齿和臼齿部互相分离，触须有或无。步足均不具肢鳃，前两对步足呈钳状。生活于淡水、半咸水或海洋中，主要栖息在浅水和沿岸。本科种类多、分布广、产量高，其经济价值仅次于对虾科。如葛氏长臂虾 *Palaemon gravieri* 和脊尾白虾 *Exopalaemon carinicauda* 是中国近海的重要经济虾类，日本沼虾 *Macrobrachium nipponensis* 和罗氏沼虾 *Macrobrachium rosenbergii*（日本引进种，原产地为东南亚地区）是中国淡水虾的主要养殖品种。

拟长臂虾属 *Palaemonella*（图 10－13）：第 1、2 对步足呈钳状，后者较前者大。第 2 对步足极长，是体长的 1 倍以上，腕不分节。中国南海有分布。

4. 蝼蛄虾科：额角发达，侧叶有或无。鳃甲线明显。第 1 步足呈螯状或亚螯状；第 2～5 步足相对简单。雌性具第 1 腹肢，雄性无第 1 腹肢。2～

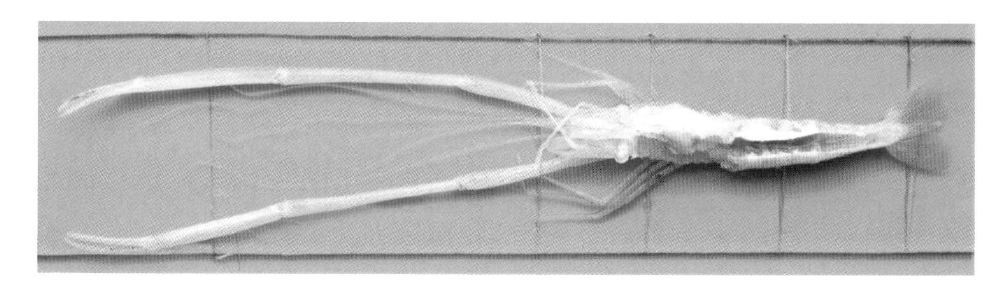

图 10-13 拟长臂虾属 *Palaemonella*

5 腹肢为双肢型。尾肢宽或窄。

大蝼蛄虾 *Upogebia majo*（图 10-14）：隶属蝼蛄虾属 *Upogebia*。头胸甲侧扁，其前侧缘有一尖刺。额角呈宽而短的三角形，其背面隆起部分具颗粒状突起。第 1 步足呈亚螯状，第 5 步足末端呈小螯状。体呈土黄色而带浅棕蓝色，腹面白色。中国渤海、黄海有分布，穴居于浅海及海湾低潮区的泥沙中。可鲜用或晒干食用，具有通经下乳药用功能。

图 10-14 大蝼蛄虾 *Upogebia major*

5. 龙虾科： 虾类中个体最大的一类，成体体长一般为 20～40 cm，体重 0.5 kg 左右，最重可达到 5 kg 以上。体呈粗圆筒状，头胸甲发达，坚厚多棘，前缘中央有一对强大的眼上棘，第 2 触角有长的节鞭。腹部形长，具多对游泳足，尾扇宽短。尾肢的外肢不具横缝。身体色彩斑斓多样，从蓝绿色到锈棕色均有。

龙虾肉洁细嫩，味道鲜美，高蛋白、低脂肪，营养价值高，是名贵海产品。龙虾种类繁多，一般栖息于暖海近海海底或岸边，多产于大西洋。其中有 5 属 17 种分布于中国东海和南海。

（1）长足龙虾 *Panulirus longipes*（图 10-15）：隶属龙虾属 *Panulirus*。

头胸甲背部具数行由大到小排列的尖刺，前端尖刺最大，侧面小刺斜向前排列。第 3 颚足外肢有鞭。鲜活时体呈深褐色，具黄白色斑点。中国东海、南海有分布，产量很少。

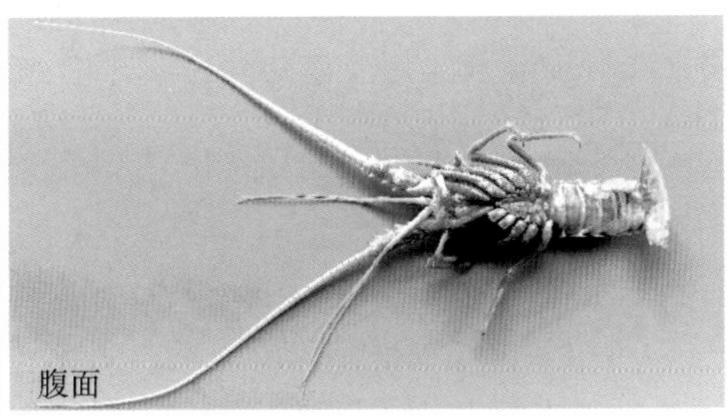

图 10－15　长足龙虾 *Panulirus longipes*

（2）锦绣龙虾 *Panulirus ornatus*（图 10－16）：隶属龙虾属。头胸甲略呈圆筒形，壳表刺少，仅前端具一对大刺。侧甲前缘光滑，第 2～5 侧甲基部后缘呈锯齿状。鲜活时体呈翠绿色，头胸甲偏蓝色，腹节具黑色横斑。本种是世界名贵的经济虾类，也是我国捕捞和养殖的大型虾类，中国东海、南海有产，但资源有限。

图 10－16　锦绣龙虾 *Panulirus ornatus*

（3）中国龙虾 *Panulirus stimpsoni*（图 10－17）：隶属龙虾属。头胸甲刺多且密，眼上刺最大。第 2～6 腹节背甲侧半部各有一下陷的软毛区。鲜活时体呈橄榄色，腹部散布着微小白点，关节处的白点较大。本种在中国东海、南海有分布，产量大，经济价值高，是海洋渔业捕捞和近海网箱养殖的重要对象。

6. 蝉虾科：身体背腹扁平，有眼眶，第 2 触角宽而平扁，有柄部但不具鞭。本科与龙虾亲缘关系很接近，但体形变得宽扁，第 2 触角极度退化，运动器官很不发达，整个体形只能缓慢爬行于海底泥沙上，仅作短距离的游动。

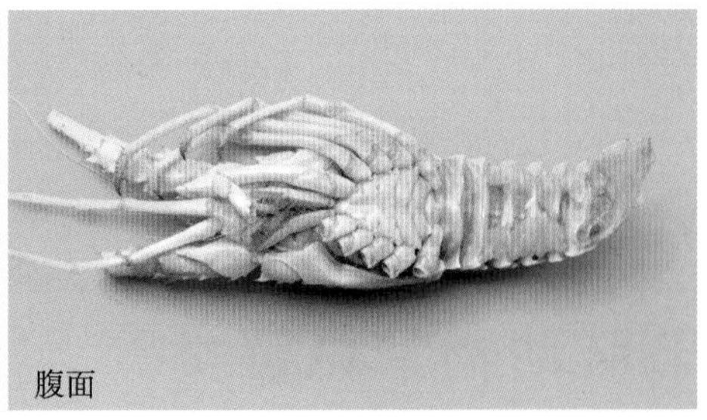

图 10－17 中国龙虾 *Panulirus stimpsoni*

蝉虾属于暖水种，仅分布于热带和亚热带海域。本科种类繁多，全世界有 20 属约 90 种，分布于中国东海、南海有 11 属 20 种，包括一些有一定经济价值的种类，如九齿扇虾 *Ibacus novemdentatus*、南极岩扇虾 *Parribacus antarcticus*、韩氏拟蝉虾 *Scyllarides haanii*、东方扁虾 *Thenus orientalis* 等。

毛缘扇虾 *Ibacus ciliatus*（图 10－18）：隶属扇虾属 *Ibacus*。大型的爬行虾类，头胸甲宽大，形似团扇，中间脊突起不明显。前侧角粗大具 1～6 齿，后侧缘具 11～12 大齿。眼眶后缘具一狭长缺刻。第 3 颚足长节不膨大，腹面无横沟。鲜活时体呈淡红色。中国东海、南海有少量分布，为食用经济物种。

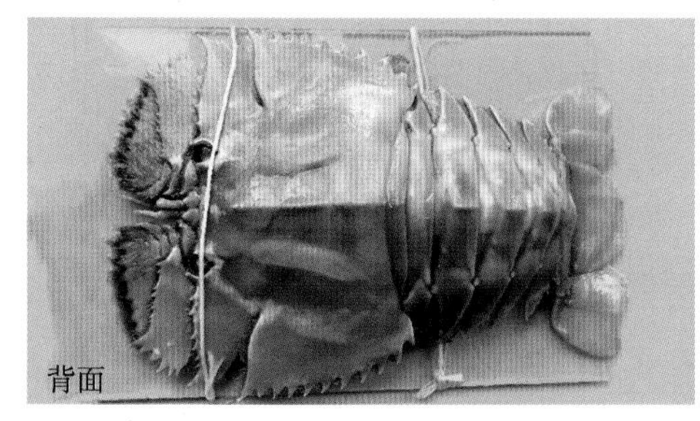

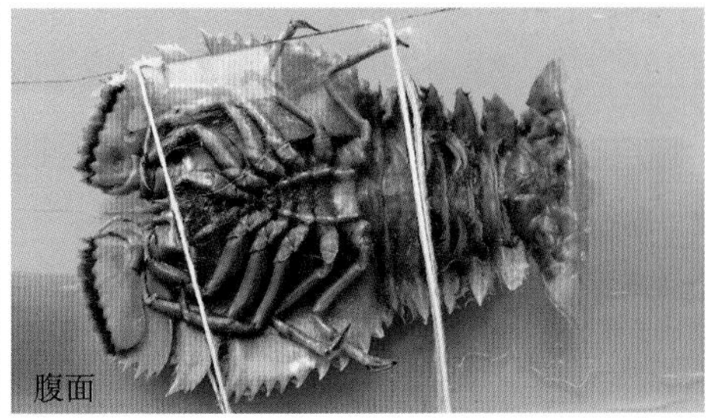

图 10－18 毛缘扇虾 *Ibacus ciliatus*

六、作业与思考

1. 绘出虾蛄类和经济虾类的形态结构图，并根据实验过程和结果撰写实验报告。

2. 掌握虾蛄类和经济虾类主要科的分类特征。

3. 掌握对虾科和龙虾科常见经济种的形态鉴定特征。

4. 理解主要经济虾类在海洋渔业经济及生态系统中的重要作用。

实验 11

节肢动物常见蟹类

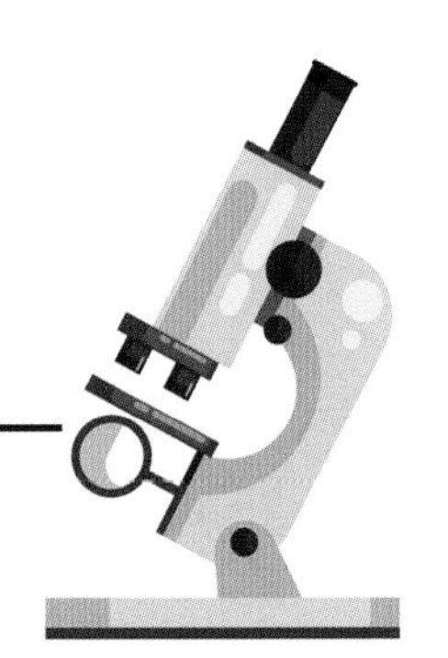

真正的蟹类是指软甲纲、十足目、腹胚亚目 Pleocyemata 中的短尾下目 Brachyura，是甲壳动物系统发育上最高等的类群。蟹类身体短而扁，头胸甲与口前板愈合；腹部短小对称，曲折于胸下，无尾扇；第 1 步足螯状，第 3 步足不呈螯状。多数栖息于大陆架浅海区，少数生活于淡水、潮湿的地方。蟹类种类繁多，全球有 7 000 多种。

短尾下目分为肢孔派 Podotremata（含 5 个总科）和真短尾派 Eubrachyura（含 34 个总科），前者为低等蟹类，后者为高等蟹类。根据雌、雄生殖孔在体表的位置，真短尾派分为异孔亚派 Heterotremata 和胸孔亚派 Thoracotremata。中国近海有记录的蟹类已超过 1 000 种，其中有不少产量很大、经济价值极高的食用蟹类（如梭子蟹、蟳、青蟹等），而且蟹类养殖产业在中国已蓬勃发展，在中国海洋渔业及水产养殖业中占有非常重要的地位。

一、目的和要求

1. 掌握蟹类的形态特征和基本分类方法。
2. 学会利用检索表识别主要经济蟹类的科、属、种。

二、实验材料

1. 异孔亚派的黎明蟹科 Matutidae、关公蟹科 Dorippidae、哲扇蟹科 Menippidae、团扇蟹科 Oziidae、宽背蟹科 Euryplacidae、玉蟹科 Leucosiidae、蜘蛛蟹科 Majidae、梭子蟹科 Portunidae、扇蟹科 Xanthidae 等常见种的浸制标本和新鲜标本。

2. 胸孔亚派的大眼蟹科 Macrophthalmidae、和尚蟹科 Mictyridae、沙蟹科 Ocypodidae、方蟹科 Grapsidae、斜纹蟹科 Plagusiidae、相手蟹科 Sesarmidae、弓蟹科 Varunidae 等常见种的浸制标本和新鲜标本。

三、实验工具与试剂

解剖镜、放大镜，镊子、剪刀，烧杯、培养皿，吸水纸、擦镜纸、纱布，无水乙醇、生理盐水等。

四、实验方法

用解剖镜或放大镜观察蟹类标本的形态结构，包括头胸部的整体形状、背面分区（胃、心、肠、肝和鳃）、腹面前分区（颊区、下肝区、口前部）、边缘分区（额缘、眼缘、前后侧缘、后缘），胸部腹甲、腹部形态（尖脐、圆脐），头部的5对附肢（触角、颚）及第2触角的位置及基节的形状，胸部的8对附肢（颚足、螯足、步足），口器的结构，鳃的类型等。借助分类工具书和检索表识别实验标本，并拍照保存，做好实验记录。

五、实验内容

（一）异孔亚派

异孔亚派是指真短尾派中雌、雄的生殖孔分别在第6胸节、第4步足底节的蟹类。它是蟹类中物种多样性最高、分布最为广泛、具最多经济种的一个类群。

1. 黎明蟹科：头胸甲多少呈卵圆形或半圆形，前后侧缘相接处具壮刺。入水孔在大螯前方。第3颚足长节锐三角形，步足游泳型。鳃数9对。

（1）红点月神蟹 *Ashtoret lunaris*（图11-1）：隶属月神蟹属 *Ashtoret*。掌部外侧与腕节相接处具1锐刺，头胸甲有均匀的红色小点。中国沿海均有分布。

（2）红线黎明蟹 *Matuta planipes*（图11-2）：隶属黎明蟹属 *Matuta*。掌部外侧与腕节相接处具1瘤状突起，头胸甲表面散有由小红点组成的网纹。中国沿海均有分布。

图 11-1　红点月神蟹 *Ashtoret lunaris*

图 11-2　红线黎明蟹 *Matuta planipes*

2. 关公蟹科：头胸甲短，略呈方形或圆形，前 2、3 腹节外露，末 2 对步足位置在背面，指为钩爪状。鳃数少于 9 对。

（1）疣面关公蟹 *Dorippe frascone*（图 11-3）：隶属关公蟹属 *Dorippe*。头胸甲的心、肠区有一个 Y 形颗粒隆脊，第 2 步足长节长宽比为 4.5∶1。中国南海有分布。

（2）中华关公蟹 *Dorippe sinica*（图 11-4）：隶属关公蟹属。成熟雄性头胸甲前侧缘无齿。中国南海有分布。

图 11-3　疣面关公蟹 *Dorippe frascone*

图 11-4　中华关公蟹 *Dorippe sinica*

3. 哲扇蟹科：头胸甲宽，横椭圆形。额宽约为头胸甲宽的 1/4。第 2 触角基节不与额接触。雄性腹部分 7 节，第 2 腹肢细长，末部附近弯曲。

蝇哲蟹 *Myomenippe hardwickii*（图 11-5）：隶属蝇哲蟹属 *Myomenippe*。壳卵形，整体呈脏褐色，覆盖许多小颗粒。每个前外缘上有 4 个宽阔的蝶形齿。可动螯足的基部处有较大的摩尔齿，螯钳前端为暗黑色。中国南海有分布。

图 11－5　蝇哲蟹 *Myomenippe hardwickii*

4. 团扇蟹科： 本科外形与哲扇蟹科相似，第 2 触角基节与额接触，前侧缘呈脊形或不呈脊形，小螯指节约等于掌部长。

（1）平额石扇蟹 *Epixanthus frontalis*（图 11－6）：隶属石扇蟹属 *Epixanthus*。螯足各节均光滑。步足扁平，前节末部及指节具短刚毛。中国南海有分布。

（2）皱纹团扇蟹 *Ozius rugulosus*（图 11－7）：隶属团扇蟹属 *Ozius*。头胸甲横卵圆形，长约为宽的 2/3，前表面具密集的小颗粒及麻点。其背面与螯足的腕、掌节一样完全不具疣突，表面覆有皱襞，前侧缘分成瓣，瓣间缺刻浅。中国南海有分布。

图 11－6　平额石扇蟹 *Epixanthus frontalis*　　图 11－7　皱纹团扇蟹 *Ozius rugulosus*

5. 宽背蟹科： 头胸甲方形或梯形，额部与内眼窝隔开。雄性腹部分 7 节，第 4～7 节细长。雄性第 1 腹肢细长，末端有小刺，第 2 腹肢短小。

隆线强蟹 *Eucrate crenata*（图 11－8）：隶属强蟹属 *Eucrate*。头胸甲近圆方形，前半部较后半部宽，表面隆起、光滑。新鲜时体表密布紫红色斑点，鳃区有一对深色的椭圆形斑块。螯足腕节背面的绒毛区较宽，中胃区无红色斑块。中国沿海均有分布。

6. 玉蟹科：头胸甲长稍大于宽，表面隆起呈半球形，具颗粒。靠近前侧缘的突起呈长圆锥形。额窄而短，前缘平直，中央稍凹。螯足粗壮，步足近圆柱形。入水孔在第 3 颚足基部。雄性第 2 腹肢短。鳃数少于 9。生活在浅水及低潮线的泥沙滩上。

（1）隆线拳蟹 *Philyra carinata*（图 11－9）：隶属拳蟹属 *Philyra*。体呈棕褐色，头胸甲表面及边缘均有颗粒分布，沿胃、心区的中线上具一显著的颗粒隆线。前侧缘短而内凹，后侧缘长而呈弧形，后缘横截。螯足长节和胸部腹甲上均密布疣状突起。第 3 颚足座节与长节的外缘均具细颗粒。雄性第 1 腹肢末端具匙状突起。中国沿海均有分布。

图 11－8　隆线强蟹 *Eucrate crenata*

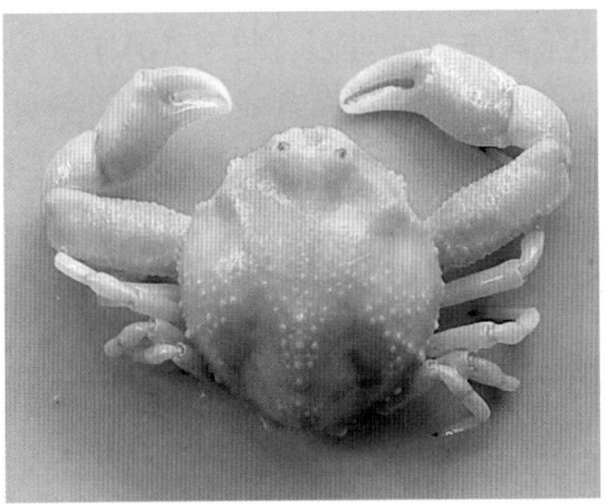

图 11－9　隆线拳蟹 *Philyra carinata*

（2）中华玉蟹 *Leucosia sinica*（图 11－10）：隶属玉蟹属 *Leucosia*。额部稍突出，前缘有 3 小齿。外眼窝齿小而钝。头胸甲后侧缘长于前侧缘，两侧缘几乎斜直，后缘稍突出且具细颗粒。胸窦前缘向后凸，窦内密布绒毛。第 3 颚足长节短于座节。螯足粗壮，长节内、外缘均具珠状颗粒，背面的颗粒可分两纵列。中国东海和南海有分布。

（3）斜方玉蟹 *Leucosia rhomboidalis*（图 11－11）：隶属玉蟹属。头胸甲斜方形，背部隆起，光滑有光泽，无纵行色带。额小，分 3 齿。前侧缘与后侧缘等长，均有细颗粒。后缘窄，弧形。胸窦具密绒毛。螯足长节的边缘有珠粒，掌为长方形。雄性第 1 腹肢直立，末端稍扩大。中国南海有分布。

7. 蜘蛛蟹科：体躯甲壳较钙化，头胸甲呈梨状，长明显大于宽。第 1 触角基节相当发达，常与口前板和额部愈合，眼窝一般不完全。雄性生殖孔

图 11-10 中华玉蟹 *Leucosia sinica*

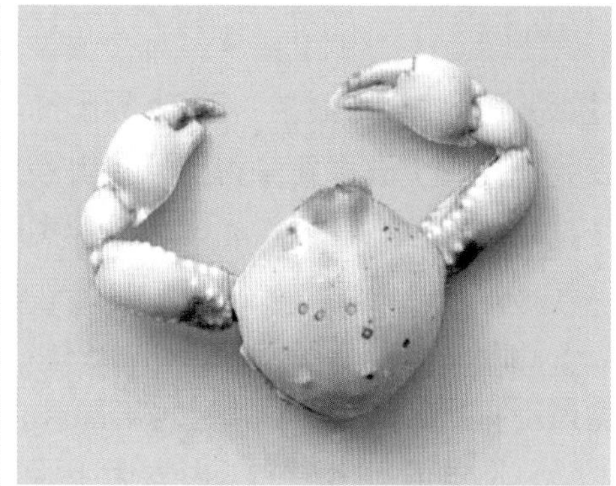

图 11-11 斜方玉蟹 *Leucosia rhomboidalis*

在步足底节上。步足很长，故称作蜘蛛蟹。

（1）武装绒球蟹 *Doclea armata*（图 11-12）：隶属绒球蟹属 *Doclea*。头胸甲在顶端形成尖状，壳面中轴及横轴有明显的尖突棘。螯足长节背缘及腹面内外缘均具一列绒毛。步足长，其长节和腕节的背、腹面各具一列绒毛。生活于河口区及浅海。中国东海、南海有分布。

（2）粗甲裂额蟹 *Schizophrys aspera*（图 11-13）：隶属裂额蟹属 *Schizophrys*。头胸甲呈梨形，壳面粗糙且分区明显。额刺及眼窝刺均具小刺，甲缘有细棘刺。眼柄短，角膜圆形，位于末端。螯足呈两指匙形，细长；雄性螯掌节粗壮。体呈咖啡色或深褐，螯掌近淡白。多栖息于沿岸带的海底岩石间及潮间珊瑚礁沙质底。中国南海有分布。

图 11-12 武装绒球蟹 *Doclea armata*

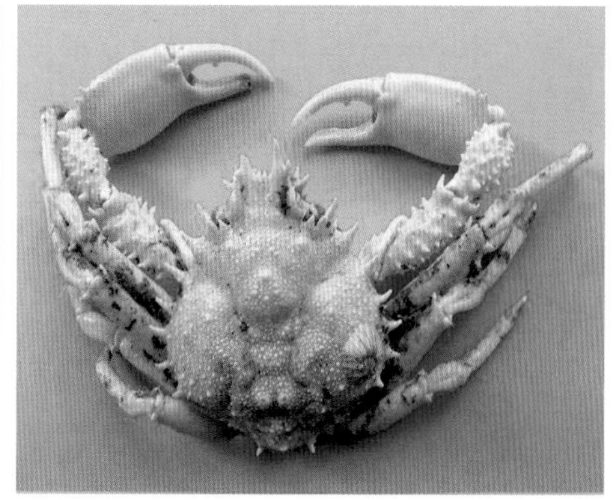

图 11-13 粗甲裂额蟹 *Schizophrys aspera*

8. 梭子蟹科：头胸甲扁平或稍隆起，宽大于长，多少呈梭子形。额宽，不向下弯。末对步足桨状，至少末 2 节扁平，边缘具毛。螯足较步足粗壮，具有强劲的钳指。

本科种类繁多，分布很广泛，在世界三大洋的陆架区或深海都有分布，从温带到热带海域均有发现，以亚热带的沿岸或大陆架区为主。梭子蟹科大多数是掠食性动物，一般捕食体型较细小的贝壳类动物。本科含有多种人们喜食的蟹类，是蟹类中产量最高、经济价值较大的一个科。

（1）远洋梭子蟹 *Portunus pelagicus*（图 11－14）：隶属梭子蟹属 *Portunus*。头胸甲表面覆以较粗的颗粒及花白云纹。除内眼窝齿外，额具 4 齿。中国东海、南海有分布。

（2）红星梭子蟹 *Portunus sanguinolentus*（图 11－15）：隶属梭子蟹属。头胸甲表面具成群分布的颗粒，有 3 个近圆形的红斑。螯足长节后末缘无刺。中国东海、南海有分布。

图 11－14　远洋梭子蟹 *Portunus pelagicus*

图 11－15　红星梭子蟹 *Portunus sanguinolentus*

（3）三疣梭子蟹 *Portunus trituberculatus*（图 11－16）：隶属梭子蟹属。头胸甲表面覆以较细的颗粒，中央具 3 个疣状突起，无花白云纹。除内眼窝齿外，额具 2 齿。螯足长节后末缘具 1 刺。中国沿海均产。

（4）锯缘青蟹 *Scylla serrata*（图 11－17）：隶属青蟹属 *Scylla*。头胸甲呈青绿色，表面光滑，心区有一个明显的 H 形凹痕，胃区有一细而中断的横行颗粒隆起。螯足掌部肿胀，光滑，不具锋锐的隆脊。中国东海、南海有分布。

图 11－16　三疣梭子蟹 *Portunus trituberculatus*　　图 11－17　锯缘青蟹 *Scylla serrata*

（5）锈斑蟳 *Charybdis feriata*（图 11－18）：隶属蟳属 *Charybdis*。头胸甲表面具明显的黄色十字色斑。额具 6 齿，中央 4 齿大小相近，外侧齿窄而尖锐。前侧缘具 6 齿，第 1 齿平钝。螯足掌节较隆肿，掌节上具 4 刺。中国南海有分布。

（6）双斑蟳 *Charybdis bimaculata*（图 11－19）：隶属蟳属。头胸甲具浓密的短绒毛和分散的低圆锥形颗粒，宽约为长的 1.5 倍。鳃区各具一圆形小红点。额分 6 齿，但均呈宽三角形。中国东海、南海有分布。

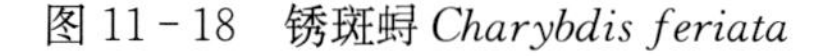

图 11－18　锈斑蟳 *Charybdis feriata*　　图 11－19　双斑蟳 *Charybdis bimaculata*

（7）日本蟳 *Charybdis japonica*（图 11－20）：隶属蟳属。头胸甲呈横卵圆形，表面隆起。胃、纵区常具微细的横行颗粒隆线。额稍突，分 6 齿，中央 2 齿稍突出。中国黄海、东海和南海均有分布。

（8）晶莹蟳 *Charybdis lucifera*（图 11－21）：隶属蟳属。头胸甲光秃无毛，分区不明，有颗粒痕迹。鳃区各具 2 斑点，内斑较外斑为大。额分 6 齿，居中 4 齿略等大。中国东海有分布。

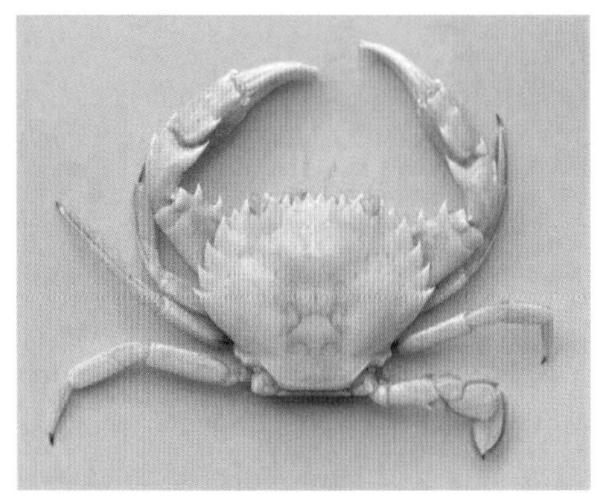

图 11－20　日本蟳 *Charybdis japonica*　　　图 11－21　晶莹蟳 *Charybdis lucifera*

（9）近亲蟳 *Charybdis affinis*（图 11－22）：隶属蟳属。螯足掌节上具 5 刺，掌节末缘 2 齿很小。雄性腹部第 6 节两侧缘大部分平行。中国东海和南海有分布。

（10）直额蟳 *Charybdis truncata*（图 11－23）：隶属蟳属。头胸甲长约为宽的 3/4，表面具绒毛，中部隆起，分区明显，后额区与侧胃区各有一对颗粒线。头胸甲后缘直，与后侧缘相接成角状突出，最末前侧齿短于前面各齿。中国东海、南海有分布。

图 11－22　近亲蟳 *Charybdis affinis*

图 11－23　直额蟳 *Charybdis truncata*

(11) 环纹蟳 *Charybdis annulata*（图 11-24）：隶属蟳属。头胸甲表面隆起，光滑无毛。额分 6 齿，居中的一对最为突出，呈宽三角形。眼窝背缘具 2 缝，内角呈宽三角形。前侧缘具 6 齿，第 3 齿最大。螯足不甚对称，表面光滑。中国南海有分布。

(12) 短浆蟹属未定种 *Thalamita* sp.（图 11-25）：隶属梭子蟹科。额与眼窝的宽度稍小于头胸甲的宽度。前侧缘不呈明显的弓形，具 5 齿。螯足指节末端一般尖锐。

图 11-24 环纹蟳 *Charybdis annulata*

图 11-25 短浆蟹属未定种 *Thalamita* sp.

(13) 钝齿短浆蟹 *Thalamita crenata*（图 11-26）：隶属短浆蟹属。颈沟前的横行隆脊向两侧延伸至前侧缘末 6 齿。第 2 触角基节的隆脊上具颗粒。螯足掌节的内侧面光滑。中国东海、南海有分布。

(14) 刺手短浆蟹 *Thalamita spinimana*（图 11-27）：隶属短浆蟹属。头胸甲较宽，额分 6 齿，两对前缘横切，最外侧齿前缘钝圆。前侧缘具 5 齿，向后逐渐减小而尖锐。第 2 触角基节的隆脊上具刺。螯足掌节背面具 4 枚大刺。中国南海有分布。

9. 扇蟹科：头胸甲一般宽大于长，略呈扇形或横卵圆形。额宽，口眶前缘发达，不被第 3 颚足所盖。第 3 颚足的腕节接于长节的内末角。

本科是一个在形态和生态分化上极为复杂的类群，在海边的石地下、岩石缝中或珊瑚丛中到处可见。扇蟹不可食用，其幼蟹可作为某些鱼类的饵料，而有些颜色艳丽的种类具有致麻痹的毒素。

(1) 正直爱洁蟹 *Atergatis integerrimus*（图 11-28）：隶属爱洁蟹属

图 11－26　钝齿短浆蟹 *Thranita crenata*

图 11－27　刺手短浆蟹 *Thranita spinimana*

Atergatis。头胸甲宽大于长，呈横卵圆形。额区及前侧缘处有明显的密凹点，心区两侧具“八”字形浅沟。额分两叶，之间具一缺刻。新鲜时，全身呈红色，凹点为黄色。中国南海有分布。

（2）绣花脊熟若蟹 *Lophozozymus pictor*（图 11－29）：隶属脊熟若蟹属 *Lophozozymus*。头胸甲壳呈横椭圆形，前侧缘呈薄板状，在外眼窝之后方分成四叶。额叶的前侧缘与眼窝之间的缝隙很深。螯足左右不对称，有成束刚毛，颊区密布绒毛。全身长满红白相间的网状花纹。中国南海有分布。

图 11－28　正直爱洁蟹 *Atergatis integerrimus*

图 11－29　绣花脊熟若蟹 *Lophozozymus pictor*

（3）粗掌大权蟹 *Macromedaeus crassimanus*（图 11－30）：隶属大权蟹属 *Macromedaeus*。头胸甲呈长卵圆形，前侧缘在外眼窝齿后具 5 齿。螯足掌节粗壮，且背面具不平的疣突，内、外侧面光滑。中国南海珊瑚礁浅水区有分布。

(4) 颗粒仿权位蟹 *Medaeops granulosus*（图 11－31）：隶属仿权位蟹属 *Medaeops*。头胸甲呈横六角形，有明显的颗粒突起，前半部有多条横行颗粒隆线。额突出，中部具一缺刻。步足各节的背缘锋锐，形成隆脊。螯指黑色或浅黑色。中国南海有分布。

图 11－30 粗掌大权蟹
Macromedaeus crassimanus

图 11－31 颗粒仿权位蟹
Medaeops granulosus

(二) 胸孔亚派

胸孔亚派是指真短尾派中雌、雄的生殖孔分别在第 6、8 步足底节的蟹类。该亚派包括 5 总科 17 科，种类繁多，生活方式多样，分布较广泛，进化关系复杂，也含有一些经济蟹类。

1. 大眼蟹科：头胸甲横宽，呈方形。前侧缘具齿。眼柄颇细长。通常穴居于近海潮间带或河口的泥滩上。

(1) 日本大眼蟹 *Macrophthalmus japonicus*（图 11－32）：隶属大眼蟹属 *Macrophthalmus*。头胸甲宽度约为长度的 1.5 倍，表面具颗粒及软毛，雄性尤密。心、肠区连成 T 形，鳃区有 2 条平行的横行浅沟。掌节较光滑，无绒毛，两指间几乎无缝隙，可动指内缘基部具一横切形大齿。中国沿海均有分布。

(2) 短身大眼蟹 *Macrophthalmus abbreviatus*（图 11－33）：隶属大眼蟹属。头胸甲宽度为长度的 2 倍以上，表面具颗粒。眼柄不超过外眼角窝。腕节的内末角具 2～3 齿，掌节很长，背缘具 6 个齿状突起。不动指几乎弯

成直角，可动指无齿。中国沿海均产。

图 11-32　日本大眼蟹
Macrophthalmus japonicus

图 11-33　短身大眼蟹
Macrophthalmus abbreviatus

2. 和尚蟹科： 个体不大，头胸甲圆球形，表面较隆起且光滑，形似和尚的光头，故名“和尚蟹”。通常生活在河口潮间带沙泥滩上。

长腕和尚蟹 *Mictyris longicarpus*（图 11-34）：隶属和尚蟹属 *Mictyris*。头胸甲淡蓝色，长度稍大于宽度。前侧角呈刺状突起，后缘直，有软毛。步足白色且细长，基部有一截红色。本种可制成美食“沙蟹酱”，在中国东海、南海有分布。

图 11-34　长腕和尚蟹 *Mictyris longicarpus*

3. 沙蟹科： 头胸甲形状不一，多呈方形或横长方形，有的呈横椭圆形或近球形。额窄。眼窝深而大，眼柄长。第 3 颚足完全覆盖口腔，外肢细长。沙蟹是潮间带和潮上带生活的优势蟹类，常穴居于沙滩较深的洞中，营群居生活。

（1）凹指招潮 *Uca vocans*（图 11-35）：隶属招潮属 *Uca*。头胸甲的后侧面无隆脊。眼窝背缘稍拱，外眼窝角尖锐，指向前侧方；眼窝腹缘锯齿形。雄性大螯不动指的内缘呈 W 形凹陷，可动指的长度约当掌。具一对火柴棒般突出的眼睛。中国南海有分布。

（2）弧边招潮 *Uca arcuata*（图 11－36）：隶属招潮属。头胸甲前宽后窄，形状似菱角，表面光滑，后侧具锋锐隆脊。外眼窝角较为向前突出。雄螯极不对称，大螯长节背缘甚隆，内腹缘具锯齿，可动指为掌长的 1.5～2 倍，内缘各具大小不等的锯齿。各对步足长节宽壮。中国黄海、东海、南海均有分布。

图 11－35 凹指招潮 *Uca vocans*

图 11－36 弧边招潮 *Uca arcuata*

（3）痕掌沙蟹 *Ocypode stimpsoni*（图 11－37）：隶属沙蟹属 *Ocypode*。头胸甲呈方形，体色与沙色相似，不易分辨。内、外眼窝齿锐而突。眼柄末端无细柄。螯足不对称，长节的前后腹缘具齿，腕节表面具颗粒。步足以第 2 对为最长。本种多穴居于高潮线的沙滩上，穴道斜而深，在中国沿海均有分布。

图 11－37 痕掌沙蟹 *Ocypode stimpsoni*

4. 方蟹科：头胸甲呈方形或方圆形，两侧缘平行。额缘宽，眼柄短，口腔方形。眼窝位于前侧角。第 3 颚足完全覆盖口腔，或有较大的斜方形空隙，其触须位于长节外末角和前缘中部。

本科是蟹类演化过程中出现较晚的类群，分为 4 个亚科。绝大多数分布于热带及亚热带沿海潮间带地区，以杂食性为主。许多海洋方蟹的幼体是经济鱼类的天然饵料，亦有重要的经济养殖蟹类。

（1）白纹方蟹 *Grapsus albolineatus*（图 11－38）：隶属方蟹属 *Grapsus*。头胸甲颜色为暗绿色，表面密布白点及白色条纹。额稍向下弯，其高度约为两眼间宽度的 1/3。螯足腕节内末角有直刺，末对步足长节的后末角呈锯齿状。中国东海和南海有分布。

（2）宽额大额蟹 *Metopograpsus frontalis*（图 11－39）：隶属大额蟹属 *Metopograpsus*。头胸甲近方形，宽约等于长，额宽约为头胸甲宽的 3/5。额后叶圆钝，额后区具明显的隆线。第 1 步足前节背面近腹缘具一窄的绒毛区，末对步足前节的前缘具一列毛。雄性第 1 腹肢几丁质凸起末端中凹。中国南海有分布。

图 11－38　白纹方蟹

Grapsus albolineatus

图 11－39　宽额大额蟹

Metopograpsus frontalis

5. 斜纹蟹科： 头胸甲近圆方形或卵圆形，厚或扁平。第 3 颚足不完全覆盖整个口腔，无斜方形空隙，外肢细而无鞭。第 3 颚足长节宽约等于或稍小于座节。中国近海斜纹蟹科已知有 2 属 8 种，主要分布于台湾岛、海南岛、西沙群岛等海域，多栖息于潮间带的岩石间或珊瑚礁中。

瘤突斜纹蟹 *Plagusia squamosa*（图 11－40）：隶属斜纹蟹属 *Plagusia*。身体较厚，脚的刚毛较少。头胸甲具多个瘤状突起。步足长节有 2 列短毛，前缘无 1 列齿。本种常栖息于海边的沙地或红树林中，在中国南海有分布。

6. 相手蟹科： 头胸甲近方形或长圆方形。第 3 颚足间有明显的斜方形空隙，第 3 颚足有一斜行的短毛隆脊，从座节的外末角延向长节的内末角。

（1）小相守蟹 *Nanosesarma minutum*（图 11－41）：隶属小相守蟹属 *Nanosesarma*。头胸甲稍大于长，全身密具绒毛。额宽，弯向下方。额缘中部内凹，额后具一对隆脊。可动指背面基部无锐刺。螯足粗壮等大。本种主要栖息于低潮线岩石旁，中国沿海均产。

图 11－40　瘤突斜纹蟹 *Plagusia squamosa*

图 11－41　小相守蟹 *Nanosesarma minutum*

（2）褶痕拟相手蟹 *Parasesarma plicatum*（图 11－42）：隶属拟相手蟹属 *Parasesarma*。头胸甲近方形，宽大于长，表面隆起，额后部的四个突起显著，表面各具数条短小横沟。眼窝宽，眼柄粗。鳃区的外侧有 6 条斜行的颗粒隆线。可动指背缘突起为 7～10 个。雄性第 1 腹肢末端尖锐，指向外方。中国黄海、东海、南海均有分布。

（3）斑点拟相手蟹 *Parasesarma pictum*（图 11－43）：隶属拟相手蟹属。头胸甲长方形，长稍大于宽，表面隆起。可动指背缘突起为 15～18 个。雄性第一腹肢末端圆钝，稍弯向外方。本种主要栖息于低潮线的石块下或其附近，在中国黄海、东海、南海均有分布。

7. 弓蟹科：头胸甲的宽度稍大于长度，前侧缘有齿。第 3 颚足覆盖整个口腔，无斜方形空隙，外肢宽而有鞭。

（1）字纹弓蟹 *Varuna litterata*（图 11－44）：隶属弓蟹属 *Varuna*。头胸甲呈方形，具细颗粒。胃、心区被一 H 形沟分开。前侧缘拱起，具 3 齿，第 1 齿呈宽三角形，第 2、3 齿呈锐三角形。螯足对称，步足前、指节扁平边缘具绒毛。中国东海、南海有分布。

（2）肉球近方蟹 *Hemigrapsus sanguineus*（图 11－45）：隶属近方蟹属 *Hemigrapsus*。头胸甲呈方形，宽大于长，侧缘拱起，前侧缘第 3 齿小。前

图 11-42 褶痕拟相手蟹 *Parasesarma plicatum*

图 11-43 斑点拟相手蟹 *Parasesarma pictum*

半部稍隆，表面有颗粒及血红色斑点。步足指节较前节短，粗壮、扁平。两指基部间有肉球。下眼缘隆脊表面光滑。中国沿海均有分布。

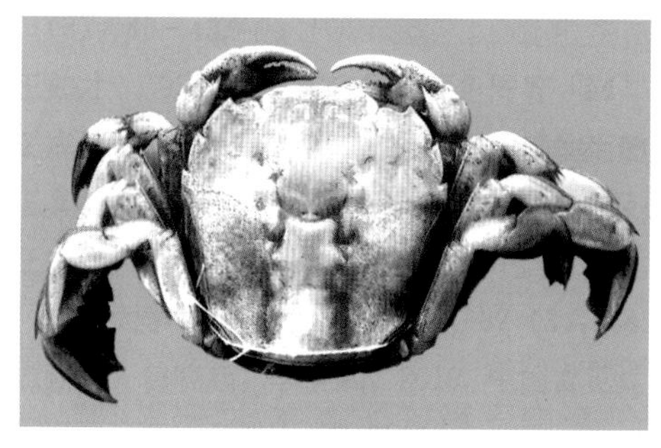

图 11-44 字纹弓蟹 *Varuna litterata*

图 11-45 肉球近方蟹 *Hemigrapsus sanguineus*

（3）天津厚蟹 *Helice tientsinensis*（图 11-46）：隶属厚蟹属 *Helice*。头胸甲呈四方形，宽稍大于长，表面隆起具凹点，分区明显。下眼窝隆脊具18个以上的突起，下眼缘中部为4～6个纵长形突起，内侧10余个突起愈合，外侧有14～30个圆形突起。雄性腹部第6节的侧缘近末部呈角状。中国沿海均有分布。

（4）折颚蟹属 *Ptychognathus*（图 11-47）：隶属弓蟹科。头胸甲扁平，呈方形。第3颚足须位于长节前缘的中部，其外肢的宽度大于或等于座节的宽度。步足长节后缘无小刺，不具明显的后侧斜面。折颚蟹是一类体色偏灰黑色，常在河口区石块间出没的小螃蟹。中国南海北部及台湾有分布。

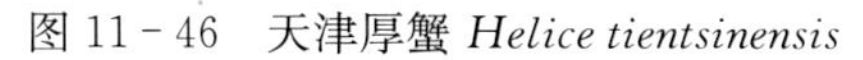

图 11-46 天津厚蟹 *Helice tientsinensis*

图 11-47 折颚蟹属 *Ptychognathus*

六、作业与思考

1. 绘出所观察的蟹类的形态结构图，并根据实验过程和结果撰写实验报告。

2. 了解真短尾派的分类系统以及主要科的划分依据。

3. 掌握梭子蟹科和方蟹科常见经济种的主要鉴定特征，并编写其分类检索表。

4. 理解蟹类的形态及生态分化的复杂性，以及经济蟹类在海洋渔业及生态系统中的重要地位。

实验 12

棘皮动物

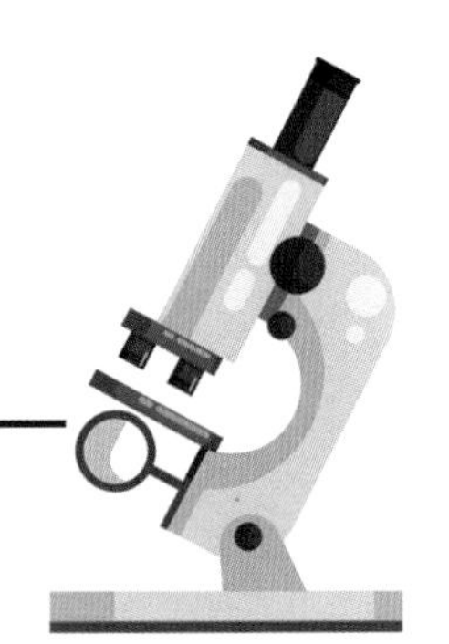

棘皮动物 Echinodermata 因体表有棘或刺状突起而得名。它是一类既古老而又特殊的动物，在动物演化上属于后口动物，是无脊椎动物中的高等类群。因此，棘皮动物具有高等动物的一些特征，如具中胚层形成的内骨骼，以体腔囊法形成中胚层和体腔等，并有水管系统、围血系统等特殊的结构。本门动物全部为海生种，幼虫两侧对称，成体多为五辐射对称，多营底栖生活。棘皮动物现生种类有 6 000 多种，分为海参纲 Holothuroidea、海胆纲 Echinoidea、海星纲 Asteroidea、蛇尾纲 Ophiuroidea、海百合纲 Crinoidea 5 个纲。它们与人类关系密切，不但可食用种类较多，而且一些种类不乏优良的滋补和药用功效。

一、目的和要求

1. 掌握棘皮动物的分类系统和 5 个纲的形态特征。
2. 学会利用检索表识别常见棘皮动物。

二、实验材料

海参纲的盾手目 Aspidochirotida，海胆纲的拱齿目 Camarodonta、心形目 Spatangoidea，海星纲的钳棘目 Zoroasteridae、帆海星目 Velatida，蛇尾纲的真蛇尾目 Ophiurida，海百合纲的等节海百合目 Isocrinida、栉羽枝目 Comatulida 等常见种的浸制标本和新鲜标本。

三、实验工具与试剂

解剖镜、放大镜，小镊子，烧杯、培养皿，吸水纸、擦镜纸、纱布，无水乙醇、生理盐水等。

四、实验方法

用解剖镜或放大镜观察棘皮动物标本的形态结构，包括口面和反口面、体盘和腕、缘板，口、围口部、眼板、生殖孔、肛门，管足、筛板、步带沟、辐部、步带区、间步带区，棘、叉棘、疣突、皮鳃、触手等特征。借助分类工具书和检索表识别实验标本，并拍照保存，做好实验记录。

五、实验内容

（一）海参纲

体柔软，长筒形，有前、后、背、腹之分。前端有口，后端有肛门。无腕，也无棘刺及棘钳。口部有 10～30 条口触手。海参的再生能力很强，一些种类分成数段后仍可再生成完整个体，少数种类能通过自切或分裂法增殖。

本纲分为 6 个目，世界有 1 000 多种，中国沿海有 140 余种，其中可食用海参有 20 余种。海参广泛分布于世界各海域的各种底质中，栖息水深从潮间带至深达万米的深海沟，以印度-西太平洋海域分布的种类最多。

1. 玉足海参 *Holothuria leucospilota*（图 12－1）：隶属盾手目、海参科 Holothuriidae、海参属 *Holothuria*。体呈圆筒状，后部较粗大。体柔软，褶皱多，背面散布疣状突起，排列不规则。本种具有较高的食用价值与药用价值，在中国东海和南海有分布。

2. 沙海参 *Holothuria arenicola*（图 12－2）：隶属盾手目、海参科、海参属。体呈细圆筒状，后端更细。触手 20 个，体型小。身体收缩时，前后端难以分辨。本种含有丰富的胶原蛋白，具有较好的营养保健作用。中国海南岛和西沙群岛有分布。

3. 仿刺参 *Apostichopus japonicus*（图 12－3）：隶属盾手目、刺参科 Stichopodidae、仿刺参属 *Apostichopus*。体呈圆筒状，背面隆起，上有 4～6 行大小不等、排列不规则的圆锥形疣足（肉刺）。腹面平坦，管足密集，排列成不规则的 3 纵带。本种是主流的食用海参，品质上乘，被誉为“参中之冠”，中国渤海、黄海有产。

图 12-1　玉足海参 *Holothuria leucospilota*

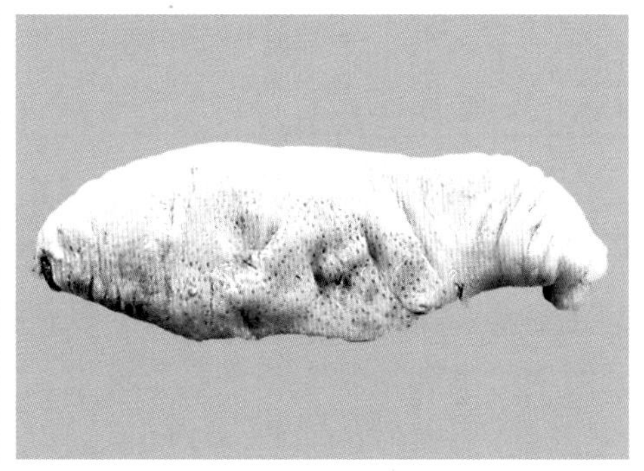

图 12-2　沙海参 *Holothuria arenicola*

4. 梅花参 *Thelenota ananas*（图 12-4）：隶属盾手目、刺参科、梅花参属 *Thelenota*。形似长圆筒状。背面肉刺很大，每 3～11 个肉刺的基部相连，像梅花瓣状，又称“梅花参”。腹面平坦，遍布小而密集的管足。本种是海参纲中最大的一种，最大者可达 1 m，是著名的食用海参，为重要滋补品。中国西沙群岛有产。

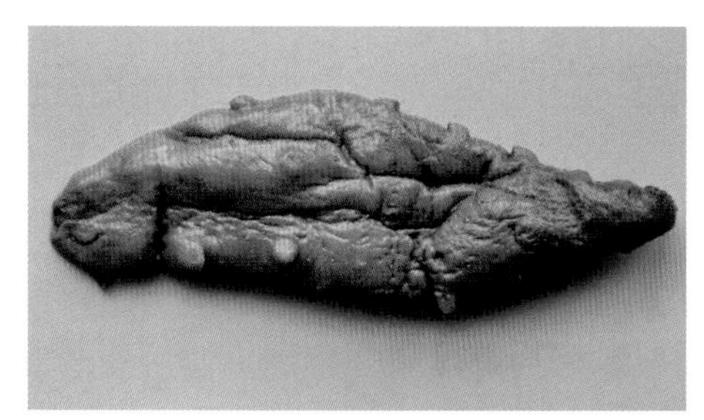

图 12-3　仿刺参 *Apostichopus japonicus*

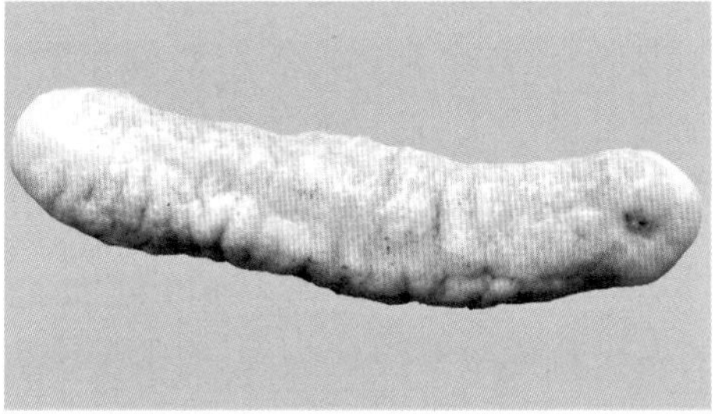

图 12-4　梅花参 *Thelenota ananas*

（二）海胆纲

体多呈球形，有的呈心形或盘形。无腕和触手。体表具棘刺及叉棘或疣突。管足发达。胆壳由步带板、间步带、顶系、围口部组成。顶系位于胆壳背面中央，包括围肛部、5 个生殖板、5 个眼板。围口部在口面，有 5 对口板，口腔内有亚氏提灯咀嚼器。海胆个体发育经海胆幼虫和幼海胆期。

世界海胆有 900 多种，中国有 90 余种。海胆分布广泛，栖息于各种底质生境，以印度-西太平洋为主要分布区。海胆种间个体大小差异很大，一些大型海胆卵是可供食用的美味佳肴，有些海胆卵还是胚胎学、细胞结构和受精机理等研究的良好实验材料。

1. 马粪海胆 *Hemicentrotus pulcherrimus*（图 12－5）：隶属拱齿目、球海胆科 Strongylocentrotidae、马粪海胆属 *Hemicentrotus*。壳为低的半球形，颇坚固。反口面低，不隆起。口面平坦，围口部边缘微向内凹。棘短，长仅 5～6 mm。本种生殖腺的营养成分含量丰富，食用价值高。中国渤海、黄海和东海均有分布。

2. 紫海胆 *Anthocidaris crassispina*（图 12－6）：隶属拱齿目、长海胆科 Echinometridae、紫海胆属 *Anthocidaris*。壳厚，呈低半球形。口面平坦，靠近围口部内凹不明显。大棘强大，末端尖。步带管足 7～9 对，多数为 8 对，排列成弧状。本种是中国东海和南海的重要捕捞品种，营养价值和药用价值均较高。

图 12－5　马粪海胆 *Hemicentrotus pulcherrimus*

图 12－6　紫海胆 *Anthocidaris crassispina*

3. 哈氏刻肋海胆 *Temnopleurus hardwickii*（图 12－7）：隶属拱齿目、刻肋海胆科 Temnopleuridae、刻肋海胆属 *Temnopleurus*。壳比较低平，呈半球形。步带狭窄，间步带稍隆起。步带的有孔带很窄，间步带宽，各间步带板水平缝合线上的凹痕大而明显。本种具有食用价值和药用功效，中国黄海有分布。

4. 心形海胆 *Echinocardium cordatum*（图 12－8）：隶属心形目、拉文海胆科 Loveniidae、心形海胆属 *Echinocardium*。壳为不规则的心脏形，薄而脆，后端为截断形。反口面间步带隆起，向后的间步带隆起更明显。中国

黄海、渤海有分布。

图 12－7　哈氏刻肋海胆
Temnopleurus hardwickii

图 12－8　心形海胆
Echinocardium cordatum

（三）海星纲

体扁平，呈星形或五角形。腕一般 5 条，也有 4、6 条，多时可达 50 条。腕与体盘无明显的界限。体表有皮鳃、棘、叉棘。各腕中央有步带沟和管足。水管系统发达。个体发育经羽腕幼虫和短腕幼虫。海星再生能力很强，腕和盘损伤后可再生。

世界海星约有 1 600 种，分布于各海洋的各种底质中，以北太平洋海域种类最多，中国有 80 余种。海星能够在形成外骨骼时吸收海水中的碳，因而在海洋碳循环中起着重要作用。但是海星泛滥时会大量摄食海洋经济贝类，严重危害贝类养殖。

1. 海盘车属未定种 *Asterias* sp.（12－9）：隶属钳棘目、海盘车科 Asteriidae。体为星形，身体中央为体盘，从体盘向外伸出 5 条腕，腕扁且细长，体盘和腕之间无明显界限。

2. 罗氏海盘车 *Asterias rollestoni*（图 12－10）：隶属钳棘目、海盘车科、海盘车属。体扁平，腕稍长，基部两侧稍向内压缩，末端渐细。反口面稍隆起。背板不规则，有大小不等的网目状，各网目间散生许多直形叉棘。本种具平肝镇惊、制酸和胃、清热解毒之功效，可用作中药材。中国渤海、黄海有产。

图 12-9 海盘车属未定种 *Asterias* sp.

图 12-10 罗氏海盘车 *Asterias rollestoni*

3. 奇异真网海星 *Euretaster insignis*（图 12-11）：隶属帆海星目、翅海星科 Pterasteridae、真网海星属 *Euretaster*。体膨胀，背面高鼓起。腕短宽，边缘圆，末端钝且向上翘。中国南海有分布。

图 12-11 奇异真网海星 *Euretaster insignis*

（四）蛇尾纲

体多扁平星状。体盘小，圆形或五角形。腕细长、分节，可弯曲。腕与体盘分界明显。因腕的形状与运动方式似蛇尾而得名。腕上具鳞片，无步带沟。管足和消化管均退化，无肠和肛门。发育经蛇尾幼体期。与海星相似，

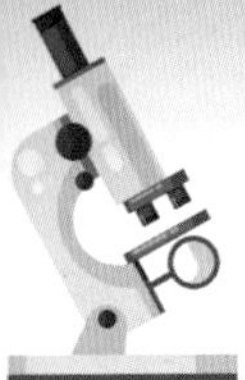

蛇尾有很强的自切和再生能力。

本纲是棘皮动物种类最多的一个纲，世界有 2 000 余种，中国约有 220 种。蛇尾分布于世界各海洋的潮间带至深海区，以印度-西太平洋海域的种类最多。一些蛇尾类是底栖鱼类的重要饵料。

大刺蛇尾属 *Macrophiothrix*（图 12－12）：隶属真蛇尾目、刺蛇尾科 Ophiotrichidae。盘略呈五角形，间辐部常鼓出，背面生有棒状棘，口面间辐部也生有棒状棘，但不连续到口楯附近。口楯为菱形，较宽。中国南海有分布。

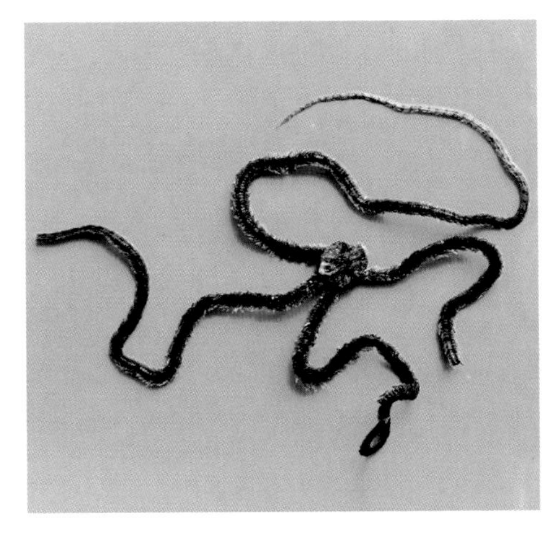

图 12－12　大刺蛇尾属 *Macrophiothrix*

（五）海百合纲

体为杯状，体盘小，辐射伸出 5 条腕，各腕从基部分枝成 2 条或多条腕。腕形似触手，并作羽状分枝。腕中具步带沟。管足无吸盘，无筛板及棘钳。海百合也有很强的再生能力，失去部分腕或萼均可在数周内再生出来。

本纲是棘皮动物中最古老的一个类群，世界现生有 600 多种，中国已知有 40 余种。海百合分为 2 个类型：一是终生有柄、营固着生活的柄海百合类，多栖息于深海；二是成体无柄、营自由生活的海羊齿类，多生活在沿岸浅海，少数分布在深水区。

1. 新海百合属 *Metacrinus*（图 12－13）：隶属等节海百合目、等节海百合科 Isocrinidae。有柄海百合类，口面向上，腕分枝。外形极像植物，终生营固着生活。中国南海有分布。

2. 多辐毛细星 *Capillaster multiradiatus*（图 12－14）：隶属栉羽枝目、栉羽枝科 Comatulidae、毛细星属 *Capillaster*。背平坦或稍内凹，中背板为盘形，中央常有一浅窝。卷枝窝生在中背板的边缘，排列不规则。中国东海、南海有分布。

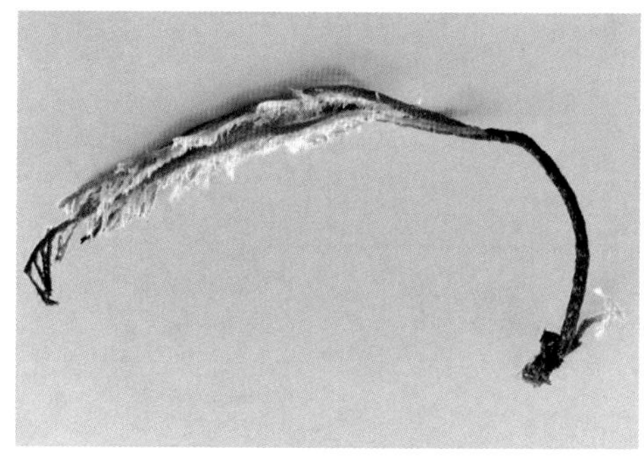

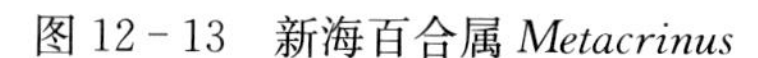
图 12-13　新海百合属 *Metacrinus*

图 12-14　多辐毛细星 *Capillaster multiradiatus*

六、作业与思考

1. 绘出所观察的棘皮动物的形态结构图，并根据实验过程和结果撰写实验报告。

2. 掌握棘皮动物 5 个纲的区分特征，比较各纲的外形特点与其生活方式的适应性。

3. 掌握海参和海胆常见经济种的主要鉴定特征，并编写其分类检索表。

4. 了解棘皮动物的经济意义、药用价值以及危害性。

实验 13

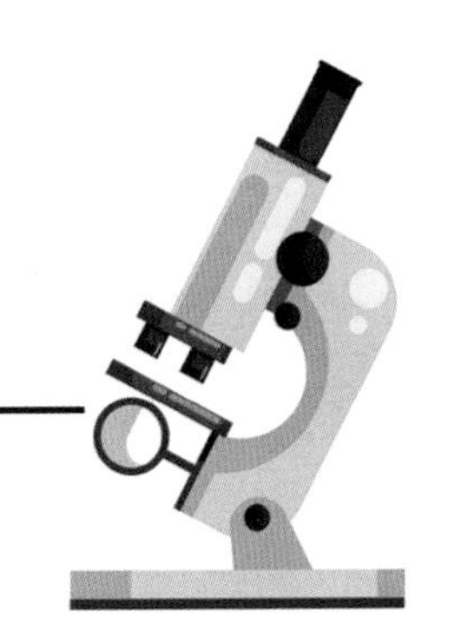

毛颚动物、半索动物、尾索动物、头索动物

毛颚动物 Chaetognatha、半索动物 Hemichordata、尾索动物 Urochordata、头索动物 Cephalochordata 均为无脊椎动物的后口动物，它们既是无脊椎动物较为进化的类群，也是高等原口动物和低等后口动物进化到脊索动物或是脊椎动物的过渡类型，在进化生物学上占据十分重要的地位。此外，这些动物类群普遍分布广泛，是许多海洋经济动物的重要生物饵料，或是水团或海流的良好指示生物，是海洋渔业、海洋浮游生物学及海洋生态学的重要研究材料。

一、目的和要求

1. 掌握毛颚动物、半索动物、尾索动物、头索动物的基本形态特征。
2. 了解 4 个动物类群的多样性和适应性特征。

二、实验材料

毛颚动物、半索动物、尾索动物、头索动物代表种的浸制标本或新鲜标本。

三、实验工具与试剂

显微镜、解剖镜、放大镜，小镊子，烧杯、培养皿，吸水纸、擦镜纸、纱布，无水乙醇、生理盐水等。

四、实验方法

用解剖镜或放大镜观察毛颚动物、半索动物、头索动物，用显微镜观察尾索动物标本的基本形态特征，借助分类工具书识别各动物类群身体的关键部位结构，拍照保存照片，做好实验记录。

五、实验内容

（一）毛颚动物

体长较小（多为 0.5～10 cm），身体前端具颚刺（即刚毛），故称为毛颚动物。又因体较透明、细长似箭而称为箭虫。体分为头部、躯干部和尾部，左右对称，有侧鳍和尾鳍，具发达体腔，但无循环、呼吸和排泄系统。雌雄同体，直接发育，无幼虫期。毛颚动物的一些形态特征虽与后口动物有相同之处，但其结构简单，因此被认为是原始后口动物中较特化的一支，与其他后口动物的亲缘关系并不密切。

毛颚动物是动物界的一个小门，世界仅 1 纲 2 目约 120 种，中国有 1 纲 2 目约 40 种。毛颚类全部海产，多营浮游生活。本门种类虽较少，但它们分布广泛，数量大，是许多鱼类的天然饵料。一些种类可作为水团、海流的指示生物。因此，毛颚动物在海洋浮游生物中占有重要地位。另外，毛颚类具有凶猛肉食习性，能捕食仔稚鱼，对渔业生物和养殖经济动物可产生一定的危害性。

箭虫属 *Sagitta*（图 13-1）：隶属箭虫纲 Sagittoidea、无横肌目 Aphragmophora、箭虫科 Sagittidae。体狭长，透明，左右对称，分头部、躯干部和尾部。眼前具前后 2 列小齿，眼中心为黑色素区。具 2 对侧鳍和 1 个三角形的尾鳍。中国沿海均有分布。

（二）半索动物

是一类口腔背面有一条短口索前伸至吻内的高等后口动物。体呈蠕虫状，体长 2.0～250 cm，由吻、领、躯干三部分组成，两侧对称，消化系统完整。本门动物既有与低等脊索动物相似的一些结构，如具类似于脊索的口索，咽部具鳃裂，有空腔的背神经索。但也有许多非脊索动物的特征，如有实心的腹神经索，开管式循环系统，肝门位于身体末端等。因此，半索动物是棘皮动物与脊索动物的一个过渡类群，在亲缘关系上与棘皮动物较近。

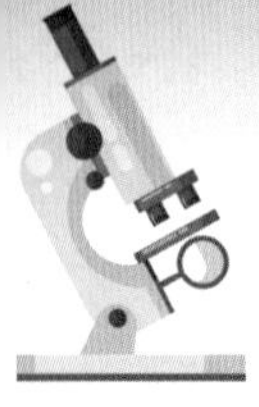

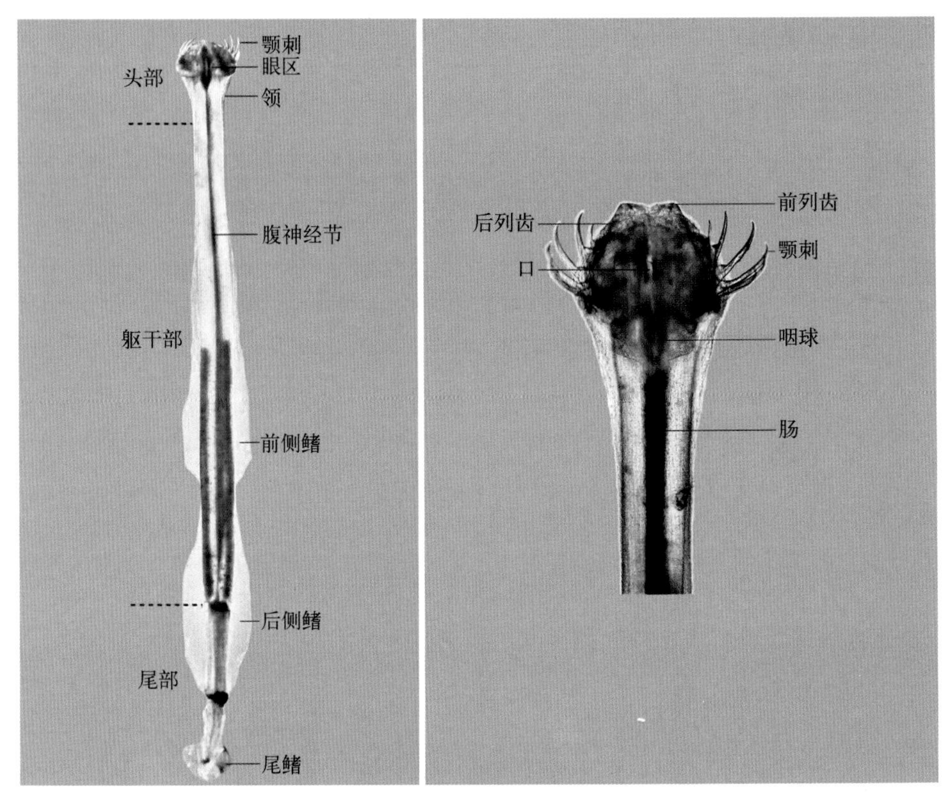

图 13-1　箭虫属 *Sagitta*

半索动物均海产，多数分布于热带和温带的沿海，主要栖息于潮间带或潮下带的浅海区，营单体自由生活或群体固着生活。世界已知半索动物有 2 纲（肠鳃纲 Enteropneusta、羽鳃纲 Pterobranchia）约 100 种，大部分种类属于肠鳃纲。由于适应性辐射，半索动物的 2 个纲在外形上差别很大，肠鳃纲形似蚯蚓，羽鳃纲则像苔藓虫。目前，中国已报道的半索动物有 1 纲 7 种，主要分布于黄海和南海。在动物进化生物学和生态适应性方面，半索动物具有重要的研究价值，是探究动物系统演化和适应性进化的理想材料。

1. 三崎柱头虫 *Balanoglossus misakiensis*（图 13-2）：隶属肠鳃纲、殖翼柱头虫科 Ptychoderidae、柱头虫属 *Balanoglossus*。体细长，呈圆柱形。吻部圆锥形，其背面中央具纵沟，靠近吻前端。领部圆筒形，稍短于吻部。躯干区具生殖嵴和肝盲囊。中国黄海、东海和南海均有分布。

2. 多鳃孔舌形虫 *Glossobalanus polybranchioporus*（图 13-3）：隶属肠

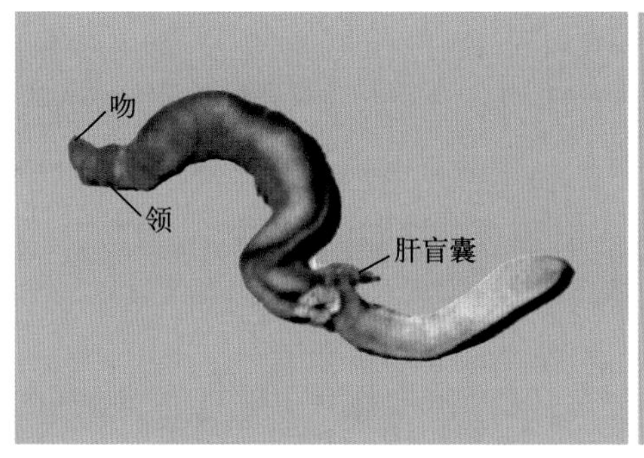

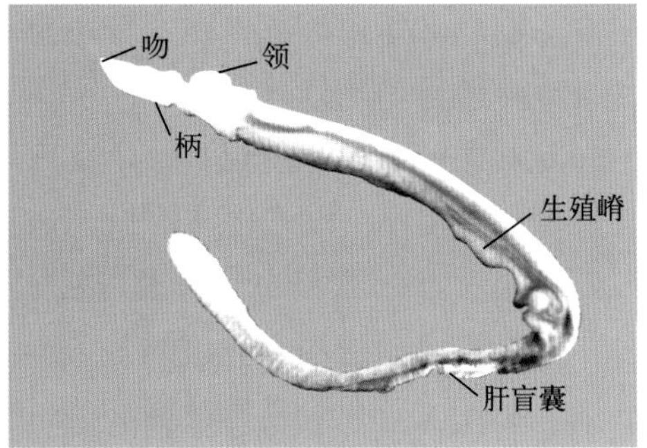

图 13-2 三崎柱头虫 *Balanoglossus misakiensis*（引自王秋等，2014）

鳃纲、殖翼柱头虫科、舌形虫属 *Glossobalanus*。个体大，细长。吻部呈短圆锥形，其背面中央具纵沟，约占吻部的 1/3。领部后缘向后倾斜，前后 1/3处各具一环线。鳃长为领长的 3～4 倍，鳃孔数目极多。肝区肝囊两列，肝囊 110～130 个。中国渤海和黄海有分布。

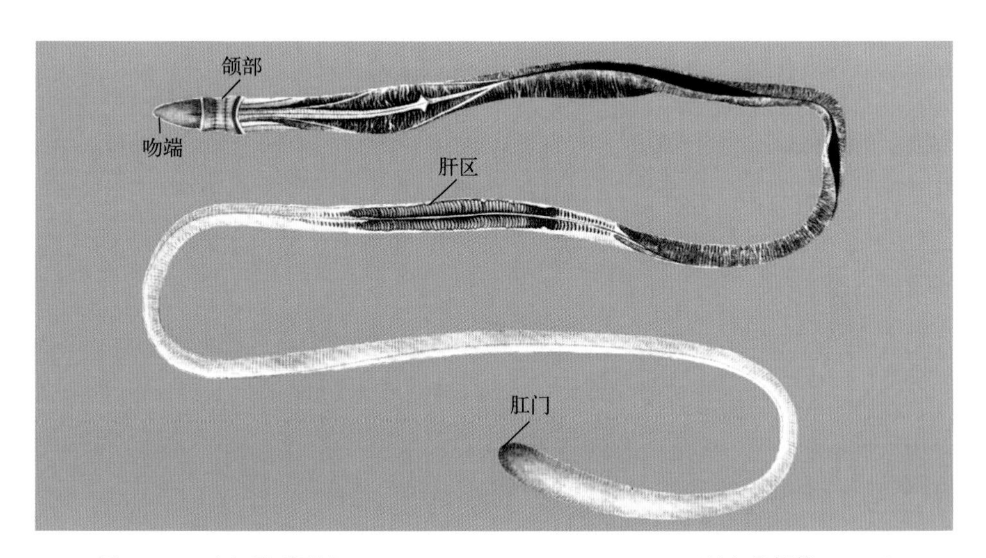

图 13-3 多鳃孔舌形虫 *Glossobalanus polybranchioporus*（引自张玺等，1965）

（三）尾索动物

指脊索动物门的尾索动物亚门，其脊索和背神经管仅存在于幼体的尾部，成体退化或消失。又因身体呈囊状或圆桶状，被一由其皮肤分泌的、近似植物纤维质的被囊所包围，故也称为被囊动物。成体具开管式循环系统，用鳃裂呼吸，咽部大，但没有感觉器官和管状神经系统。多数雌雄同体，以两性生殖、出芽生殖和世代交替等方式进行繁殖。

世界尾索动物分 3 个纲 2 000 多种，中国有记录约 140 种。其中海樽纲 Thaliacea 和有尾纲 Appendiculata 的成体营浮游生活，海鞘纲 Ascidiacea 的成体营固着生活。许多海洋浮游尾索动物可直接作为经济鱼类的饵料，且分布广、数量大，可作为寻找渔场的指标生物，或是水团或海流的良好指示种，与海洋渔业和水文环境的关系非常密切。有些种类还具有发光能力，是发光生理生化研究的良好材料。

1. 海樽纲（图 13－4）：体透明，呈桶状。前后有开口，前端为入水口，后端为出水口。体内具 8 条肌环，中部 6 条明显。鳃囊位于入水口后方，具成对大鳃裂，小鳃裂多。中国黄海、东海和南海均有分布。

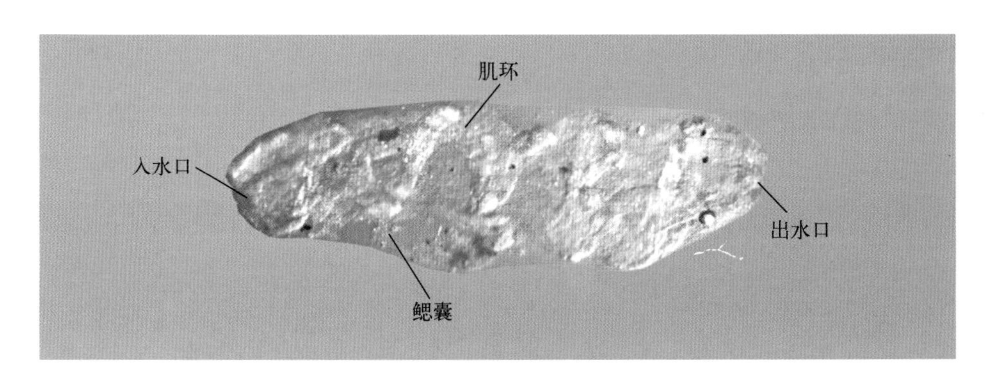

图 13－4　**海樽纲** Thaliacea

2. 住囊虫属 *Oikoleura*（图 13－5）：隶属有尾纲、住囊虫科 Oikopleuridae。体呈蝌蚪状，有尾部和脊索。躯干卵圆形，尾部细长。鳃囊简单，具两个鳃裂。活体时，身体包裹在由胶质组成的“住屋”中进行摄食。中国沿海均有分布。

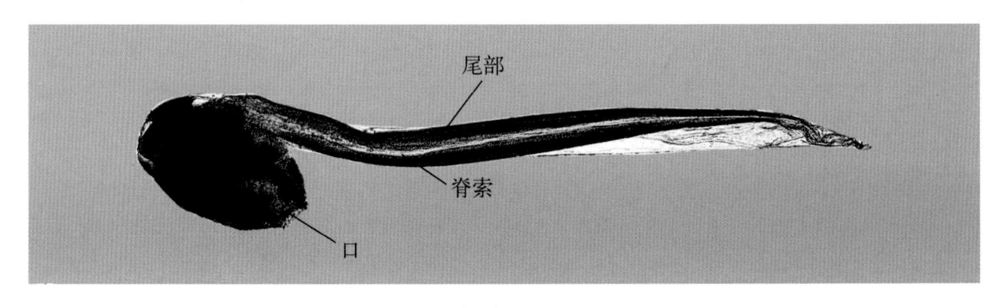

图 13－5　**住囊虫属** *Oikoleura*

（四）头索动物

指脊索动物门的头索动物亚门，体呈鱼形，其脊索纵贯全身并延伸至神经管的前方。头索动物终生具有发达脊索、背神经管、咽鳃裂以及肛后尾等一些典型脊索动物的特征。但无真正的头部、脑和心脏，故又称无头类 Acrania。头索动物与尾索动物合称原索动物 Protochordata，但前者较为进化。

头索动物现生种即是文昌鱼，种类非常少，全世界仅有 25 种，但分布遍及热带和温度的浅海区，其中分布于中国沿海的文昌鱼有 4 种。文昌鱼对栖息环境要求比较严格，仅生活在有机质含量低的纯净砂质中，以浮游生物为食。文昌鱼是无脊椎动物进化到脊椎动物的过渡类型，在动物进化生物学上有重要的学术研究意义，而且还具有食用价值。

白氏文昌鱼 *Branchiostoma belcheri*（图 13-6）：隶属头索纲 Leptocardii、双尖文昌鱼目 Amphioxiformes、文昌鱼科 Branchiostomatidae、文昌鱼属 *Branchiostoma*。体侧扁，两端尖细。体侧具<形肌节 63～66 节。背鳍 1 个，前伸达吻突，后至尾端。尾鳍明显。腹部具间隔分明的生殖腺。肛门与尾鳍上叶起点相对。中国东海和南海有分布。

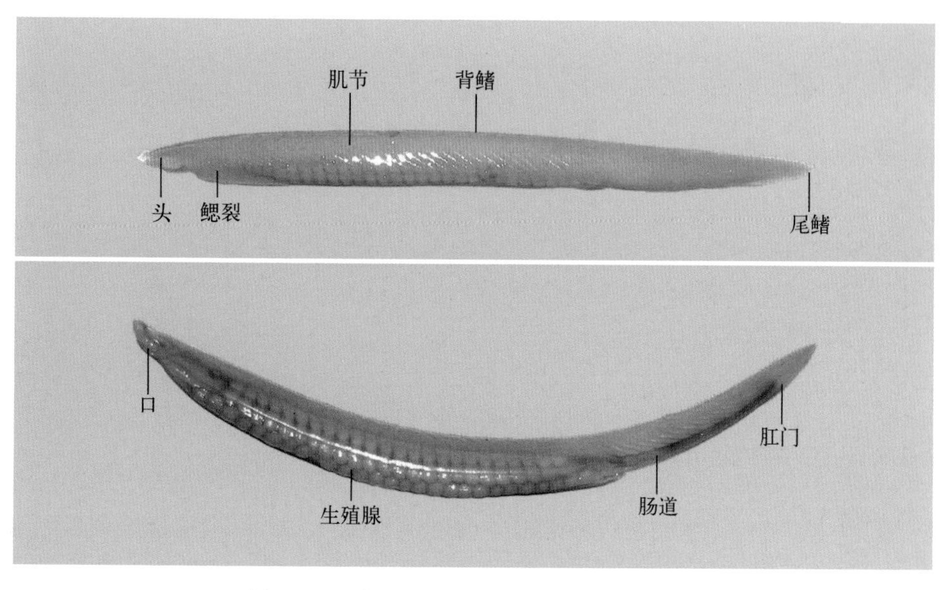

图 13-6 白氏文昌鱼 *Branchiostoma belcheri*

六、作业与思考

1. 绘出所观察的毛颚动物、半索动物、尾索动物、头索动物的代表种形态结构图，并根据实验过程和结果撰写实验报告。

2. 理解毛颚动物和尾索动物对海洋渔业生物的重要作用，以及半索动物和头索动物在进化生物学及生态学中的研究价值。

参考文献

References

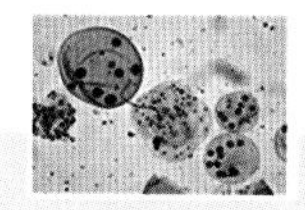
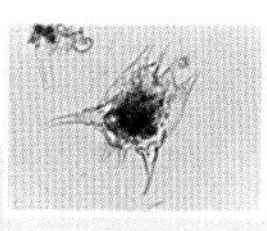
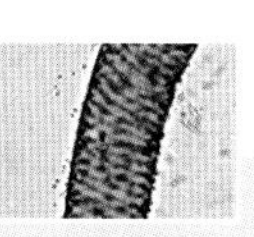

蔡立哲，2015. 深圳湾底栖动物生态学 [M]. 厦门：厦门大学出版社.

陈文河，卢伙胜，冯波，2008. 茂名文昌鱼形态及生态特征的初步研究 [J]. 大连水产学院学报，23 (2)：110－115.

陈新军，刘必林，2009. 常见经济头足类彩色图鉴 [M]. 北京：海洋出版社.

董正之，1988. 中国动物志·软体动物门：头足纲 [M]. 北京：科学出版社.

董栋，2011. 中国海域瓷蟹科 (Porcellanidae) 的系统分类学和动物地理学研究 [D]. 青岛：中国科学院海洋研究所.

东蕴芳，韩茂森，1992. 中国海洋浮游生物图谱 [M]. 北京：海洋出版社.

葛美玲，李一璇，张学雷，等，2020. 中国海底栖多毛类分类多样性 [J]. 海洋科学进展，38 (2)：287－303.

韩洁，林旭吟，2007. 多毛纲 (Polychaeta) 动物系统学的研究进展 [J]. 北京师范大学学报 (自然科学版)，43 (5)：548－553.

黄志坚，宁曦，2019. 海洋动物学实验 [M]. 广州：中山大学出版社.

黄宗国，林茂，2012. 中国海洋生物图集：第一册 [M]. 北京：海洋出版社.

黄宗国，林茂，2012. 中国海洋生物图集：第二册 [M]. 北京：海洋出版社.

黄宗国，林茂，2012. 中国海洋生物图集：第三册 [M]. 北京：海洋出版社.

黄宗国，林茂，2012. 中国海洋生物图集：第五册 [M]. 北京：海洋出版社.

黄宗国，林茂，2012. 中国海洋生物图集：第六册 [M]. 北京：海洋出版社.

黄宗国，林茂，2012. 中国海洋生物图集：第七册 [M]. 北京：海洋出版社.

蒋维，2011. 中国海长脚蟹总科 (甲壳动物亚门：十足目) 分类和地理分布特点 [D]. 青岛：中国科学院海洋研究所.

李海云，时磊，2019. 动物学实验 [M]. 2版. 北京：高等教育出版社.

李新正，寇琦，王金宝，等，2020. 中国海洋无脊椎动物分类学与系统演化研究进展与展望 [J]. 海洋科学，44 (7)：26－70.

李新正，甘志彬，2022. 中国近海底栖动物分类体系 [M]. 北京：科学出版社.

梁羡圆，1964. 柱头虫 [J]. 生物学通报，1：22－27.

刘凌云，郑光美，2009. 普通动物学 [M]. 4版. 北京：高等教育出版社.

刘凌云，郑光美，2010. 普通动物学实验指导 [M]. 3版. 北京：高等教育出版社.

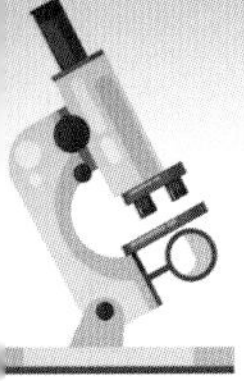

刘瑞玉，2008. 中国海洋生物名录［M］. 北京：科学出版社.

刘文亮，2010. 中国海域螯虾类和海蛄虾类分类及地理分布特点［D］. 青岛：中国科学院海洋研究所.

丘书院，1954. 厦门浮游动物志 1. 水螅水母类［J］. 动物学报，6（1）：41－48.

师国慧，2015. 五种肢孔派（Podotremata）蟹类线粒体基因组测定及短尾类系统发生研究［D］. 中国科学院海洋研究所.

宋海棠，俞存根，薛利建，等，2006. 东海经济虾蟹类［M］. 北京：海洋出版社.

孙建运，1992. 中国近海蝉虾科的初步分类［J］. 广西科学院学报，8（2）：64－66.

孙瑞平，杨德渐，1994. 我国常见的海产多毛环节动物［J］. 生物学通报，29（3）：7－10.

孙启梦，张素萍，2022. 中国海汇螺科 Potamididae 的分类学研究Ⅰ. 塔蟹守螺属［J］. 海洋科学，46（2）：64－73.

孙松，李超伦，程方平，等，2015. 中国近海常见浮游动物图集［M］. 北京：海洋出版社.

王健鑫，赵盛龙，陈健，2016. 舟山海域海洋生物野外实习指导手册［M］. 北京：海洋出版社.

王秋，张学成，李进道，2014. 肠鳃类三崎柱头虫再生的研究［J］. 中国海洋大学学报，44（3）：40－43.

王如才，1988. 中国水生贝类原色图鉴［M］. 杭州：浙江科学技术出版社.

王戎疆，龙玉，李大建，等，2018. 动物生物学实验［M］. 北京：北京大学出版社.

王义权，方少华. 2005. 文昌鱼分类学研究及展望［J］. 动物学研究，26（6）：666－672.

汪宝永，钱周兴，董聿茂，1998. 中国近海蝉虾科 Scyllaridae 的研究（甲壳纲：十足目）［J］. 厦门大学学报（自然科学版），37（3）：443－453.

魏建功，曾晓起，李洪武，2019. 中国常见海洋生物原色图典：腔肠动物、棘皮动物［M］. 青岛：中国海洋大学出版社.

魏建功，典学存，2019. 中国常见海洋生物原色图典：软体动物［M］. 青岛：中国海洋大学出版社.

魏建功，李新正，2019. 中国常见海洋生物原色图典：节肢动物［M］. 青岛：中国海洋大学出版社.

巫文隆，2013. 台湾贝类资料库［EB/OL］. https://shell. sinica. edu. tw.

徐凤山，张素萍，2008. 中国海产双壳类图志［M］. 北京：科学出版社.

许人和，和振武，1997. 大连沿海的水螅水母［J］. 动物学报，43（增刊）：19－21.

许振祖，张金标，1964. 福建沿海水母类的调查研究Ⅱ. 南部沿海水螅水母、管水母和栉水母类的分类［J］. 厦门大学学报，11（3）：120－149.

许振祖，黄加祺，林茂，等，2014. 中国刺胞动物门水螅虫总纲：上册［M］. 北京：海洋出版社.

许振祖，黄加祺，林茂，等，2014. 中国刺胞动物门水螅虫总纲：下册［M］. 北京：海洋出版社.

杨德渐，孙瑞平，1988. 中国近海多毛环节动物 [M]. 北京：农业出版社.

杨德渐，孙世春，2006. 海洋无脊椎动物学 [M]. 修订版. 青岛：中国海洋大学出版社.

杨军，沈韫芬，2005. 根足类原生动物半圆表壳虫壳体生物矿化特征 [J]. 动物学杂志，40 (1)：1-7.

杨文，蔡英亚，邝雪梅，等，2013. 中国南海经济贝类原色图谱 [M]. 北京：中国农业出版社.

张玺，梁羡圆，1965. 中国海肠鳃类一新种——多鳃孔舌形虫 [J]. 动物分类学报，2 (1)：2-10.

张文静，杨军，沈韫芬，2009. 中国有壳肉足虫（原生动物）五新纪录描述 [J]. 动物分类学报，34 (3)：686-690.

张素萍，张均龙，陈志云，等，2016. 黄渤海软体动物图志 [M]. 北京：科学出版社.

张武昌，丰美萍，于莹，等，2011. 世界今生砂壳纤毛虫名录 [J]. 生物多样性，19 (6)：655-660.

张武昌，陶振铖，赵苑，等，2019. 中国海浮游桡足类图谱 [M]. 2版. 北京：科学出版社.

张昭，2005. 中国海龙虾下目 Infraorder Palinuridea 分类和动物地理学特点 [D]. 青岛：中国科学院海洋研究所.

赵汝翼，程济民，赵大东，1982. 大连海产软体动物志 [M]. 北京：海洋出版社.

赵文，2005. 水生生物学 [M]. 北京：中国农业出版社.

郑重，李少菁，许振祖. 1984. 海洋浮游生物学 [M]. 北京：海洋出版社.

朱丽岩，汤晓荣，刘云，等，2007. 海洋生物学实验 [M]. 青岛：中国海洋大学出版社.

邹仁林，黄宝潮，王祥珍，1990. 中国柳珊瑚的研究Ⅰ. 竹节柳珊瑚属 *Isis* 及其一新种 [J]. 海洋学报，12 (1)：83-90.

GBIF Secretariat，2022. The Global Biodiversity Information Facility [EB/OL]. https://www.gbif.org/.

Pechenik JA，2015. Biology of the Invertebrates [M]. 7th ed. New York：McGraw-Hill Education.

Wallace RL，Taylor WK，2003. Invertebrate Zoology：A Laboratory Manual [M]. 6th ed. San Francisco：Pearson Benjamin Cummings.

WoRMS Editorial Board，2022. World Register of Marine Species [EB/OL]. https://www.marinespecies.org.

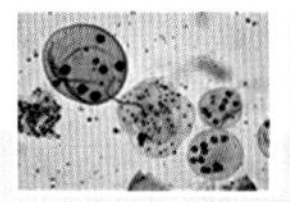
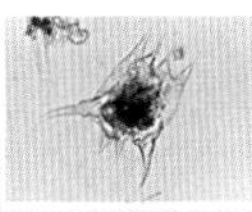
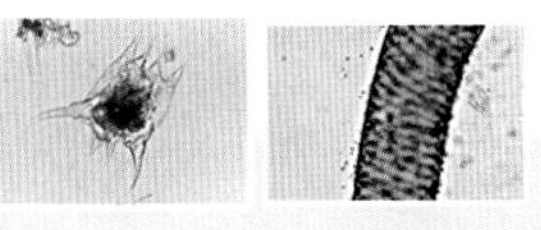

中文名索引

Index of Chinese Names

E

F

G

H

M

N

O

P

Q

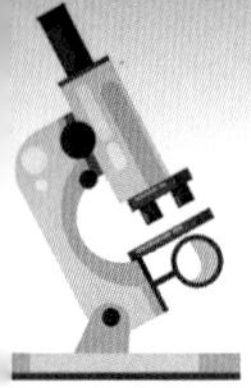

R

S

T

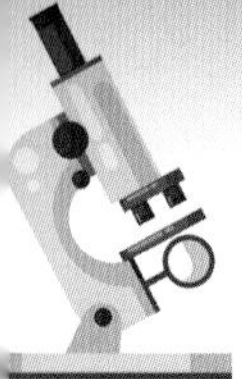

Z

拉丁名索引

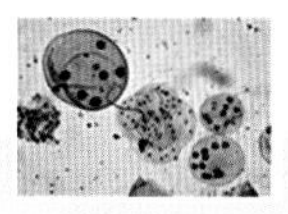
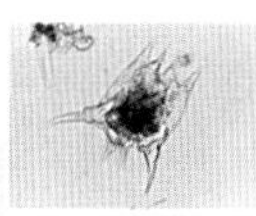
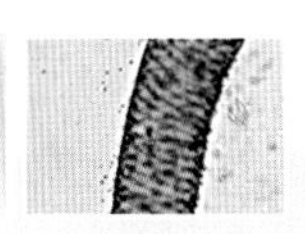

B

C

D

E

F

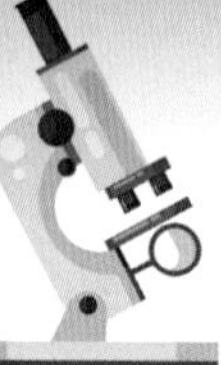

N

O

P

R

S

T

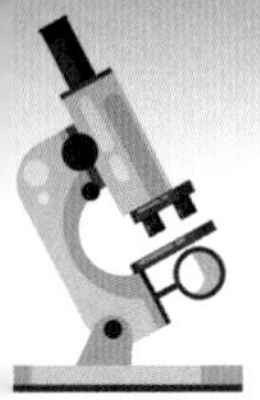

Z

图书在版编目（CIP）数据

海洋无脊椎动物学实验 = Experiments of Marine Invertebrate Zoology / 吴仁协等编著．—北京：中国农业出版社，2023.1

ISBN 978-7-109-30360-7

Ⅰ．①海…　Ⅱ．①吴…　Ⅲ．①海洋生物—无脊椎动物—实验动物学—教材　Ⅳ．①Q959.1-33

中国国家版本馆 CIP 数据核字（2023）第 008043 号

中国农业出版社出版

地址：北京市朝阳区麦子店街 18 号楼

邮编：100125

责任编辑：王金环　肖　邦

版式设计：文翰苑　　责任校对：吴丽婷

印刷：北京通州皇家印刷厂

版次：2023 年 1 月第 1 版

印次：2023 年 1 月第 1 版北京第 1 次印刷

发行：新华书店北京发行所

开本：700mm×1000mm　1/16

印张：10.75

字数：180 千字

定价：68.00 元
